デザインが日本を変える

日本人の美意識を取り戻す

前田育男

光文社新書

はじめに

アンベール、という言葉がある。

あまり日常的に使われる言葉ではないので、ご存じない方もおられるだろう。

アンベールとは、語源的には「un-veil」――つまり〝ベールを外す〟という意味である。そこから発展して「除幕式を行う」「正体を現す」「初公開する」といった意図でも用いられる。

多くの人は普段の生活の中でベールを手にすることなどまずないはずだが、映画の場面やテレビのドキュメンタリーなどでそういうシーンを見たことはあるかもしれない。

それはなかなかものものしい雰囲気に包まれている。ステージの上にこれから披露される〝モノ〟が置かれ、その上にベールがかけられている。いやらしいことに、そのベールは薄手の生地で作られているため〝モノ〟の輪郭が浮かび上がっている。見えそうで見えない。そこに存在していることはわかるが詳細まではよくわからないという、憎いじらしのテクニック。それは見る者の期待を高ぶらせ、「それを見たい」というもどかしさを募らせる。「このベールをはぎ取ってしまいたい」という欲望を軽やかにくすぐってくる。

やがて時間が来て司会の人間がマイクの前に立つ。前口上を話し、来場者の視線を改めて一点に集約させる。人々から話し声と表情が消える。部屋の空気が張り詰める。目視の合図。ベールのすそが勢いよく引かれる。〝モノ〟が白日の下にさらされる――。

その後に起こるのは沈黙か、ため息か、それとも鳴りやまないファンファーレか？


一般社会においてアンベールは非常にまれな催しだが、自動車業界の中でアンベールは日常的に行われている。一体どんなときに行われるのか。もちろん新しい車を世にお披露目するときである。

モーターショーのブースで、ニューモデル発表会の会場で、自動車メーカーはアンベールをする。自社が満を持して送り出す最新モデルを最高の状態でプレゼンテーションする。〝新車〟の誕生を高らかに宣言する。

自動車メーカーにとってアンベールの瞬間はひとつのゴールであり、同時にひとつのはじまりである。企画、デザイン、設計、試作、実研、プレス、溶接、塗装、組み立て、検査……一台の車が完成するまでには数え切れないほどの工程と莫大な数の人の手を経由するが、それらをすべてクリアして辿り着いたものづくりの最終地点がアンベールであり、そこから車は市場に開かれ、今度は顧客との関係作りの局面に入っていく（コンセプトカーの場合はユーザーや自動車評論家たちの批評の俎上に載せられることになる）。

車の製造に関わってきた者にとってはアンベールは手塩にかけて育ててきたわが子の門出の式であり、営業マンたちにとってはこれからはじまる激烈なるセールス合戦の号砲である。自動車ファンにとってはこれまで見たことのない最新モデルとの対面の場であり、さらにその車を投入するメーカーにとっては何百億円という費用をかけて作った新製品が市場に受け入れられるかどうかを問う審判のときである。

さまざまな願い、思惑、不安、感慨……が交錯し、火花を散らす運命の一瞬。

この一瞬ですべてが決まる、この一瞬からすべてが変わる——そんな特別な想いがあるからこそ、われわれはアンベールなどという大仰な演出を用いてその場を飾ろうとするのかもしれない。

2017年秋、私は一台の車をアンベールした。

VISION COUPE（ビジョン・クーペ）と名付けられたその車は、マツダの次世代デザインを牽引するビジョンモデルである。

2010年、〝魂動《こどう》デザイン〟というブランド哲学を軸に据えるところからはじまったわが社のデザイン・イノベーションは、幸いなことに大きな成功を得ることとなった。営業的にも好調な売り上げを記録するとともに、「ロードスター」が日本車で初の「ワールド・カー・デザイン・オブ・ザ・イヤー」に輝くなど国内外問わず多くの栄誉に浴した。魂動デザインは技術面でのブレイクスルー〝SKYACTIV TECHNOLOGY（スカイアクティブ・テクノロジー）〟と車の両輪のように緊密なタッグを組み、近年のマツダブランドの根幹を形作ってきた。

あれから7年強がすぎた。今、われわれは新たなるサイクルの入口に立っている。それは、魂動デザインがマツダの〝新世代〟の幕開けを告げるものだとしたら、さらにその次を体現する〝次世代〟モデルの登場が近づいていることを意味する。

その前哨戦として発表したのがVISION COUPEであり、ここからいよいよ「魂動デザイン・フェイズ2」の流れは本格化していくことになるのだが、このタイミングで私のもとに一通のオファーが届いた。私がマツダのデザイン本部長に就任してからの経緯や魂動デザインの真意などについて、一冊の本にまとめてみないかという話だった。

それは私には非常にタイムリーな企画のように思えた。

〝新世代〟から〝次世代〟へ、魂動デザインが大きな変身を遂げようとしているこの時期にこれまでの流れを一度総括して、改めて「魂動デザインとは何だったのか?」と問い直してみるというのは悪い話ではない。個人的にもガムシャラに突っ走ってきた9年間(私は本部長に就任してすぐ魂動デザインを提唱できたわけではない)を振り返ることで、自分自身の試行錯誤を整理し、次に向かって走り出すためのヒントを得られるのではないかという想いもあった。


本書は基本的に魂動デザインの誕生から現在まで、時間軸に沿って辿っていく構成をとった。どういういきさつで魂動デザインはできあがったのか。その背景にはマツダのいかなる事情があり、どんな問題を解決することで世界に通じるデザインランゲージへと成長を遂げたのか、まずはその過程を順番に追いかけていく形で書き進めていった。

最初に記しておくが、魂動デザインは「パッと思いついてカタチにしたらできました」といったインスタントな代物ではない。ここに至るにはさまざまな要素が絡み合っているし、その時々のマツダの状況だったり、１９２０年の創業から１００年近く継承されてきた会社のスピリットというものも関与している。「魂動デザインとは何か？」という問いに答えることは、そのまま「マツダとは何か？」という問いに答えることに合致するのだ。

それゆえ、本書は魂動デザインについて語りながら、マツダの本質についても言及している。特に社内の〝共創〟活動を紹介する章（第4章）では多くの社員に登場してもらい、彼らの口から魂動デザインについて語ってもらった。私がデザインリーダーとして話す言葉だけでなく、他のスタッフがどう考えているかも掲載することで、より多角的で複合的に魂動デザインの〝フォルム〟が伝わるのではないかと狙ったのである。

さらに、2〜5章はその時期私が直面した課題にどのように向き合ったのか、テーマ別に読めるようにもなっている。具体的には私なりの「言葉論」「ブランド論」「組織論」「ものづくり論」ということになるのだが、ビジネス書として本書を読みたい方にとっては興味のあるテーマから読み進めていくことも可能だろう。

そして最後に、今の若手建築家の中で非常に勢いのある「サポーズデザインオフィス」の谷尻誠氏との対談を収録した。谷尻氏とはマツダの店舗を一緒に作らせてもらった仲だが、彼の目に魂動デザインはどう映ったのか。ここでは外部からの視点で浮かび上がる魂動デザインの実像というものにご注目いただければと思う。

本編でも述べるが、私はデザインに関わる人間でありながら言葉というものを非常に重視してきた。「言葉はカタチの一部である」という信念の下、これまでさまざまなタイトルやキャッチコピー、プレゼンテーションの資料まで細かく精査を重ねてきた。

だとするなら、こうして言葉を連ねて作った書籍というのもマツダデザインの一部、魂動デザインの作品のひとつと呼んでいいかもしれない。

われわれカーデザイナーが作品を発表するステージは決まっている。

この物語は、先程触れたわれわれの最新モデルＶＩＳＩＯＮ ＣＯＵＰＥ発表の会場からスタートする。

いざ、魂動デザイン、アンベール――。

〈第1章〉魂動デザイン、前夜

〈第2章〉言葉論［哲学を共有する］

〈第3章〉ブランド論［企業価値とは何か］

〈第4章〉組織論 [感動ほど人を動かすプロモーターはない]

〈第5章〉ものづくり論［今こそ原点に帰るとき］

〈第６章〉情熱、執念、愚直

〈特別対談〉未来はすべて過去の中に

前田育男×谷尻 誠　サポーズデザインオフィス

第1章

魂動デザイン、前夜

フェイズ2、始動

２０１７年10月24日、20時を少しすぎた頃、私は緊張と気合いが入り混じった不思議な高揚感に包まれていた。

新しいデザインを発表するときはいつもそうだ。店の奥にはまだ世間に知られていない最新のデザインを施された車が、薄手のベールをかぶせられた状態で鎮座している。車体のフォルムはベールを通してうっすら見る者に伝わってくる。その後ろには〝マツダエレガンス〟という今回のテーマがシンプルなタイポグラフィで描かれている。

「マツダデザインナイト２０１７」

その日、東京・新宿区にある関東マツダ高田馬場店は多くの自動車関係者でにぎわっていた。３日後にはじまる東京モーターショーに合わせて来日した海外のメディア関係者も数多く集まっている。アメリカ、ヨーロッパ、中国、東南アジア、オーストラリア……さまざまな地域からやって来た自動車愛好家たちはシャンパンやアンティパストを楽しみながらも、その視線は暗がりの中に向けられ、不敵な力感を醸し出しているニューモデルの上から離れない。隠しきれない熱気と期待感が会場を満たしている。

マツダが掲げる「魂動　ＫＯＤＯ：ＳＯＵＬ　ｏｆ　ＭＯＴＩＯＮ」デザイン（以下、魂動デザイン）のフェイズ2、次世代デザインビジョンモデル世界初披露の場に、これだけの人たちがここまでの興味を示してくれている——それは私に深い感謝の気持ちを呼び起こす一方、この数日、何度口にしたかわからない愚痴をもう一度つぶやかせてしまう。

「彼らに本来のシナリオで見せたかった……」

そもそもこの次世代モデルの発表会は前日の23日、「マツダデザインフォーラム２０１７」という名称で、今回のデザインコンセプトにふさわしい特別な場所にて開催されることになっていた。その場所とは上野公園の中にある東京国立博物館法隆寺宝物館。この建物の中には、飛鳥時代から奈良時代にかけて作られた57体の金銅仏からなる「四十八体仏」が展示された部屋がある。１４００年前の職人たちによって作られた仏像は精緻で美しく、あたたかさと同時に凛とした力強さもまとっている。これらの作品に触れてもらった上で次世代デザインを見てもらうことで、マツダの車作りが「ものに生命を吹き込む」日本古来のものづくりの延長線上にあること、いにしえから連綿と続く日本の美意識を継承する存在であることをアピールする狙いがあったのだが……無情にも超大型の台風21号が日本列島を直撃。会場の設営は不可能となり、6ヶ月かけて準備してきた次世代モデルのローンチも一緒に吹き飛ばしてしまった。

しかしわれわれは諦めなかった。そこから新しい会場を探し、シナリオを描き直し、辿り着いたのがこの場所だった。プランAが崩れてしまった悔しさをぐっと胸に秘め、スタッフ総出で寝ずに準備を進め、なんとかここまでこぎつけた。

会場内には今回のデザインコンセプトと共振する数々のオブジェが展示されている。無形文化財である鎚起《ついき》銅器（銅板を金づちで打ち起こして作られた銅器）の技術を200年以上にわたって究め続けている「玉川堂《ぎょくせんどう》」の手による器。次世代デザインを説明する際に重要なキーワードとなる〝艶〟と〝凛〟をテーマに「華道家元池坊」に制作してもらった2点のいけばな。そして、マツダのインハウスデザイナーが実際に鉄を叩いて作り上げた鈍色に光るビジョンオブジェ……。

そもそも新たに会場となった関東マツダ高田馬場店は、新世代店舗として私たちデザイン本部が監修し、同じく広島に拠点を置く「サポーズデザインオフィス」の谷尻誠氏・吉田愛氏とともに作り上げた場所である。マツダの車が一番美しく見えるよう計算し尽くされた内装、ライティングの中で次世代モデルを披露できると考えれば、災い転じて福となす、むしろホームスタジアムで試合ができるようなものじゃないか――そんなふうに想いを新たにする。

ブックエンドの〝艶〟と〝凛〟

私は何度も推敲を重ねたプレゼンテーション原稿にもう一度目を通す。魂動デザインをどのように進化・深化させていくのか——そこにはここ数年の間、ずっと追いかけ続けた問いに対するひとつの答えが書かれている。

〝マツダエレガンス〟——これまでの直接的で動物的なモーションの表現から、成熟したエレガンスの表現に移行していくということ。そのために日本のいにしえから脈々と伝わるシンプルな美、引き算の美学を突き詰めていくということ。具体的な表現手法としては、繊細なフォルムの表面に映り込む光の質感をコントロールすること——すなわち〝アート・オブ・ライト〟——によって動きや生命感を表現すること……。

プレゼンテーションの最後は次のような言葉で締められている。

——みなさんご存じのように、すべてが自動化されるというのが現代のトレンドです。自動化された移動手段は新たな価値を生む一方で、車と人の一体感や道具と心を通わすような結びつきは今後どんどん薄くなっていくだろうと考えられます。われわれはこういう時代だからこそあえて車がもっと身近な存在、家族のような存在であり続けることを大事にしていきたいと思っています――。

はたして私たちは勝てるのだろうか？――私は改めて問い掛ける。

確かにマツダは２０１０年に発表した新世代技術「ＳＫＹＡＣＴＩＶ ＴＥＣＨＮＯＬＯＧＹ」と、デザインテーマ「魂動」などの好評により近年着実に業績を伸ばしてきた。そして国内、国外において数々の賞を得てきた。しかし自動車をめぐる状況は今、１００年に一度と言われるほどのドラスティックな転換期にある。それは各要素の頭文字をとって〝ＭＡＤＥ〟と表現されるが、Mobility（自動車配車サービスのＵｂｅｒや、カーシェアなどをはじめとする新たな移動手段）、Autonomous（自動運転）、Digitalized（デジタル化）、Electrified（電気自動車などに代表される電動化）といった大波が業界全体を覆っているのだ。その波は「Ｚｏｏｍ‐Ｚｏｏｍ」というスローガンを掲げ、走ることの歓び、人馬一体の走りを追求してきたマツダにも当然押し寄せてきている。

私たちが勝てるかどうか、それを決める重要な戦いがこれからはじまろうとしている。〝新世代〟からさらにその先を担うべき〝次世代〟へ。私は期待と熱気が渦巻く中、われわれの想いを乗せて今まさに走り出そうとしている２台の車に改めて目をやった。

1台はすでに来場者に公開されている。2015年に発表したコンセプトモデル・RX-VISION。「世界一美しいFR（フロントエンジン・リアドライブ。後輪駆動）のプロポーションを作りたい」という想いから誕生したロータリースポーツコンセプト。そのシンプルだがグラマラスな造形は、艶やかなソウルレッドクリスタルメタリックに包まれ、会場内でも強い輝きを放っている。

そしてもう1台――ベールに包まれ、この瞬間に目覚めようとしている生まれたての生命体。この車とRX-VISIONの両方が揃うことで次世代のデザインは動き出す。〝艶〟を体現した1台と〝凛〟を体現した1台、これらが「魂動デザイン・フェイズ2」のブックエンド――つまりこの2体の振り幅の間に今後のマツダのデザインは進んでいくという羅針盤――となり、ここから本格的にわれわれの新たなるシーズンがスタートすることになる。

はたして、私たちが2年間にわたって心血を注ぎ続けたデザインは見る者の心を動かし、圧倒し、感動を生むことができるだろうか？　美しいものを貴ぶ感性と、車に対する心からの愛情、そして人が丹念に作り上げる〝モノ〟への敬意を、今一度取り戻すことができるのだろうか？

走り出せ、VISION COUPE――。

私は意を決してライトの中へ歩み出す。待ちわびた参加者のきらきらした視線、そしてたくさんのカメラがこちらを向く。ついにアンベールの瞬間。

人々の息を飲む音が聞こえた気がした。

90年代後半、フォード傘下に入る

「魂動デザイン」という言葉を世界に向けて発表したのは2010年9月3日。そのときのニュースリリースには私の発言という形で、以下のような説明が加えられている。

「マツダデザインは、これまでも動きの表現を常に追求してきました。私たちはそれをさらに進化させてゆく中で、生物が見せる一瞬の動きの強さ、美しさや緊張感に注目しました。こうした見る人の魂を揺さぶる、心をときめかせる動きを私たちは〝魂動（こどう）―SOUL of MOTION〟と名づけました。私たちはこの〝魂動（こどう）―SOUL of MOTION〟を今後のマツダ車のデザインテーマとして、強い生命感と速さを感じる動きの表現を目指します」

これは魂動デザインの最初の定義、基本方針を謳ったマニフェストのようなものだが、ここで注目してほしいのは、「マツダデザインは、これまでも動きの表現を常に追求してきました」という部分であり、「私たちはそれをさらに進化させてゆく中で」というところである。つまり魂動デザインは突然生まれたものでも、どこかから降って湧いたものでもなく、マツダがこれまで培ってきた伝統の上にあり、なおかつそれを進化させた先に息づくものであることを最初に宣言しているのである。

ということは、魂動デザインを語るということはマツダを語るということになる。魂動デザインのことを理解してもらうためには、マツダの社風や歴史について知ってもらわなければならないことになる（ちなみに魂動デザインとＳＫＹＡＣＴＩＶ ＴＥＣＨＮＯＬＯＧＹの両方を世に発信した２０１０年という年は、それまで３輪トラックをメインにしていたマツダがＲ３６０クーペで４輪乗用車市場に参入してちょうど50年という節目の年に当たる）。

なので、ここは時計の針を少し戻させてもらいたい。魂動デザインが生まれる〝前夜〟からマツダが置かれた状況をザッと振り返ってみたいと思う。

ご存じの方も多いと思われるが、近年のマツダを語る上で外せないのが90年代に入って陥った経営危機である。バブル経済の波に乗って推し進めた闇雲な拡大政策＝販売網の多チャンネル化（マツダ、アンフィニ、ユーノス、オートザム、オートラマ）などの反動は、バブルの崩壊とともに一気に押し寄せてきた。93年からは3年連続の赤字決算を計上。会社はこの先存続できるかどうかという瀬戸際まで追い詰められる。

96年、当時提携関係にあったフォードはマツダに対する出資比率を25％から33・4％に引き上げる。それと同時に副社長を務めていたヘンリー・ウォレスが社長に昇格。マツダはフォードグループの傘下に入り、その一員として立て直しを図ることになる。

自分たちの会社がアメリカ企業の傘下に入るという現実は、広島生まれ広島育ち、生粋の広島人である私には受け入れがたいところがあったが、それでも状況を考えれば致し方なかった。会社は早期退職優遇特別プランで早期退職者を募りながら、なんとか破綻回避の道を模索する。本当にこの頃はマツダにとって最悪の時期で、会社のプライドは泥にまみれ、社内の雰囲気も悪く、出ていく者も残る者もどちらも未来に希望が見えないという地を這うような日々だった。

復活の起点となったブランドメッセージ

しかし、フォードの下ですごした日々は悪かったことばかりでもなかった。というのもフォードの傘下に入ったことで、「マツダというブランドはどのような車を作っていくべきか？」「マツダのアイデンティティは何なのか？」という根源的なテーマが改めて問われることになったからである。

当時フォードの下にはフォード、リンカーン、マーキュリー、ジャガー、アストンマーチン、ランドローバー、マツダ、そして１９９９年からそこに加わったボルボという８種のブランドが存在し、それぞれが世界市場で被らないよう、独自のブランドアイデンティティを再定義することを余儀なくされていた。

その中でマツダが出した結論が２００１年の東京モーターショーで発表され、今も使用されている「Ｚｏｏｍ‐Ｚｏｏｍ」というブランドメッセージである。「Ｚｏｏｍ‐Ｚｏｏｍ」というのは、子供が車が走るところをマネて口にする言葉――日本語で言うと「ブーブー」――で、無邪気に風を切って走る楽しさ、ビュンビュン走る車を夢中で見ていたワクワク感を表現している。それには、当時の社長マーク・フィールズの言葉を借りると、われわれは「センスが良く、創意に富み、はつらつとした」車の実現を目指し、その顧客は「活動的で、若い心を持ち、思慮深く、自分が好むものを知って」おり、なおかつ「運転することが好き」で「よく設計され、丁寧に製造された車の感覚と反応とハンドリングを楽しし」もうとしている人々である――という思いが込められている。ここにこそマツダスピリット、すなわちマツダという会社のＤＮＡがあるという宣言である。

そこからマツダは徐々に回復軌道に乗っていく。「Ｚｏｏｍ‐Ｚｏｏｍ」というブランドメッセージの策定によりカーラインナップも一新。アテンザ、アクセラといった新車種の投入、デミオ、ロードスターといった人気車種のモデルチェンジも好評で、２００１年から２００７年まで右肩上がりに純利益を上げていく。それは営業面のみならず、２００５年発表のロードスターが「日本カー・オブ・ザ・イヤー」を受賞、２００７年発表のデミオ（海外名：Ｍａｚｄａ２）が「ワールド・カー・オブ・ザ・イヤー」を受賞するなど車自体も高く評価され、躍進の予感は次第に確信へと変わろうとしていた。

しかしその最中の２００８年、予期せぬ事態に襲われる。いわゆるリーマンショックである。世界中を巻き込んだ大恐慌は当然マツダにも打撃を与えたが、それ以上に深刻な状態に陥ったのが母体であるフォードだった。

経営危機に直面したフォードはマツダの株式の約60％を売却。持ち株比率を13％まで縮小することを発表する。つまり世界金融危機はマツダにダメージを与えたものの、結果的にフォード主導の経営からの離脱を促すことになり、ここからわれわれは再び独り立ちしていくことになったのだ。

一方、社内では車両開発において大きなうねりが生まれていた。

われわれが「Ｚｏｏｍ‐Ｚｏｏｍ」というビジョンを目指すことはよくわかった。では実際「Ｚｏｏｍ‐Ｚｏｏｍ」にふさわしい車というのはどういうものか？　私たちはどのような車を作っていくべきか？――その答えとして導き出されたのが内燃機関の性能向上という方向性だった。マツダの歴史を振り返ったとき、「ロータリーエンジン」（三角形のローターが回転することで動力を生む、独特の構造をもつエンジン。マツダの挑戦の象徴）の開発を筆頭にどこよりも内燃機関にこだわり続けてきたという歴史がある。ならばその伝統に賭けよう。燃費の向上に全精力をつぎ込むことで、同時に環境性能の向上をも実現しよう――。

それは2007年、「サステイナブルＺｏｏｍ‐Ｚｏｏｍ宣言」として発表され、マツダは2008年から2015年までの間に世界で発売する全車の燃費消費性能を30％向上させるという途方もない目標を打ち立てる。30％というのは誰もが無謀に思う数字だったが、とにかくマツダは「世界一のクルマを作る」という大号令の下、改めてゼロベースで車作りに取り組むことになったのである。それは3年後、ＳＫＹＡＣＴＩＶ ＴＥＣＨＮＯＬＯＧＹとして世に出ていくことになる。

リーダーにならないとできないこと

ではその頃、私は一体何をしていたのか。

私は1982年にマツダ（当時はまだ東洋工業）に入社。そのいきさつに関してはいろいろあるがそれは後述するとして（P110参照）、そこから横浜デザインスタジオ、カリフォルニアデザインスタジオでの先行デザイン開発、フォードデトロイトスタジオ駐在を経て、2000年に帰国。広島本社で量産デザイン開発に従事することになる。

そこからチーフデザイナーとしてRX‐8（2003年発表）、デミオ（2007年発表）などを手掛けることになるのだが、当時から「マツダのデザインを俺が変えてやる！」と息巻いていたとか、「マツダのブランドスタイルとは何ぞや？」ということを熱心に考えていたかというと、当然ながらそんなことはまったくない。

特にチーフデザイナーという職種にとって、担当する車は自分の子供のようなものである。私はもとからスポーツカーが大好きだったので夢中になってRX‐8を作ったり、企画部やマーケティング本部からの「かわいい車を作ってくれ」「女性にウケる車を作ってほしい」というオーダーに四苦八苦しながらデミオを作ることに邁進していた。ある意味「〝わが子一人〟を育て上げればそれで十分」という心境であり、自分が受け持つ車以外はまったく興味がないというような状態だったのである。

ただ、だからといって当時の私が完全に満ち足りた状態で仕事に励んでいたかというと、そうでもない。たとえばその頃、デザイン開発の工程の中には「マーケティングクリニック」というステップがあった。これは新車を開発するにあたって異なるデザインの車を何台か作り、それをある条件で集められた一般の方々に見てもらい、好みのものに投票してもらった上で評価の高いモデルを実際の商品に反映させていくという手法である。

ある意味、民主主義的で非常にポピュラーなやり方だが、私はこの手法に対して非常に疑問を感じていた。そもそも一般のユーザーは未来を想定した評価というものを下してくれるのだろうか？　われわれが「マーケティングクリニック」で問うのは大抵の場合、3年後に市場に投入されるモデルである。そこでユーザーの選ぶモデルと私たちデザイナーの推すモデルが異なったりすると、「大衆のニーズに合わせる」という名目の下、前者のモデルが採用されることもある。

トップの人間にとっては、こうした〝エビデンス〟があることで自分の判断を正当化できるという利点があるのだろう。しかしこれは裏を返せば「われわれはこういうブランドだから、こういう方向で行くぞ」という信念がないということを意味している。ユーザーのきまぐれな意見をそのまま容認するというのは、企業として何のこだわりも戦略もないに等しい。確かに未来のことなど誰にもわからないが、われわれはこの先のデザインの形を必死に読もうとしているからこそ、プロのデザイナーを名乗っているのではなかったか？

こういう社内の納得いかない制度に阻まれるたび、私は「やっぱりデザインってリーダーにならないと自分の思い通りにならないんだな……」ということを痛感した。しかしそれはまだまだ曖昧な感情であり、そもそも当時はフォードの傘下、デザイン本部の上司も外国人で、デザイナーが入れ代わり立ち代わりやって来るという状況だった。

“日本的”をめぐる感性の違い

その中で私と上司の感性が決定的に行き違う事件が発生する。

２００６年、マツダのグローバルデザイン本部長にオランダ人のローレンス・ヴァン・デン・アッカーが就任。ローレンスは「日本の自動車メーカーであるマツダは日本的なデザインを標榜すべきである」という考えの下、「ＮＡＧＡＲＥ」というデザインシリーズを発表した。彼が着目したのは日本庭園だった。中でも枯山水の砂利に描かれた紋様にいたく興味を引かれ、「流（NAGARE）」「流雅（RYUGA）」「葉風（HAKAZE）」「清（KIYORA）」といったコンセプトカーでは、その水の流れるような模様をキャラクターラインとしてボディの側面に表現した。

これが私には我慢ならなかった。日本の自動車メーカーとして日本的なデザインを取り入れることに関しては私も賛成である。しかし日本的な要素を取り入れるといっても、枯山水の砂紋をそのまま車に刻むというのはいささか表面的すぎるように思えたのだ。

私はローレンスと何度も話し合った。彼に日本庭園に込められた思想や世界観をしつこいくらい説明した。枯山水で大事なのは砂や小石で水の流れを表現するという手法的な面白さではない。極限まで装飾をそぎ落とすことで生まれる凛とした空気感や閑寂とした気配こそが重要なのである、と。

私がそこまでローレンスのやり方に反発したのは、私自身も志向する〝日本的なデザイン〟を彼が表現手法としてのみ捉え、形にしようとしていた（と私には見えた）ことが主な原因である。だがもうひとつの理由は、私の中に「マツダは車の本質を追究していく会社である」という強い思い入れがあったせいでもある。

たとえば、当時すでに開発がスタートしていたSKYACTIV TECHNOLOGY。

あれは内燃機関の本質に迫り、それを世界最高の品質にまで高めていこうとするマツダらしい挑戦だと私は思っていた。そういうラディカルな姿勢こそがマツダの企業風土だと信じていた。それなのにデザインがこんなに薄っぺらいものでいいのか？　マツダ生え抜きのデザイナーとしてそれはやってはいけないんじゃないか……？

その頃、私は3代目アテンザのチーフデザイナーをやっていた。当然ながらローレンスと意見を戦わせる場面も多くある。私の中に「本当にこれでいいのか？」「マツダのデザインの進むべき道はどういうものか？」という疑問や葛藤がふつふつと湧きあがっていた。

突然の打診

２００９年3月、私は研究開発トップの金井誠太取締役専務（現在は代表取締役会長）から突然呼び出しを受ける。役員の会議室のドアを開けた私を待っていたのは思いもよらない話だった。

ローレンスが突然会社を辞めることになったというのだ。これは後でわかったのだが、彼はこの後、ルノーのコーポレートデザイン担当副社長に就くことになる。だがそのときはそんなことは知る由もない。では次の本部長は誰になるのか？　フォードはどんな人物をデザイン部門に送り込んでくるのか？

「次、おまえやるか？」

私は頭が真っ白になった。確かに「理想のデザインを実現するためにはリーダーにならないと意味がない」という想いは持っていた。ローレンスと感性をぶつけ合う中で「マツダのデザインはそうじゃない。マツダのデザインが進む道はそっちじゃない」という強い憤りも感じていた。しかし実際その頃の私にあったのは、「今手掛けているアテンザを世界最高のセダンにしたい」という目の前の車に対する情熱だけだった。私は何の準備もビジョンもないまま、青天の霹靂でデザイン本部長就任を打診されたのである。

専務は続けて言った――「やらない理由があったら言ってこい」。

ひとまず私は「2、3日考えさせてください」と答えた。頭の中は混乱していたが、「やらない理由はと訊かれると……特にないな」ということもぼんやり考えていた。ただし自分にデザイン本部を統括できる能力があるかどうかはわからない。専務は畳み掛ける。

「2週間後からだ」

話を聞いたのが3月中旬。人事異動の発令が2週間後の4月1日。もし私がＯＫなら、その直前に開かれるデザイン本部のメンバー全員が集まる席で辞令を発表するという。そしてその場で就任の挨拶をしなければいけないという。

2週間後からデザイン本部長？　いきなり全員の前でマニフェスト発表……⁉

私は想像をはるかに超える運命の大波を前に立ち尽くすしかなかった。

それが、「魂動　KODO：SOUL　of　MOTION」デザインが世に発表される、わずか1年半前の話である。

第2章

言葉論

［哲学を共有する］

フォードによる統治の終焉

２００９年3月末、広い部屋に集められたデザイン本部所属のメンバーたちは騒然としていた。壇上にはつい今しがたまで自分たちのボスだと信じて疑わなかったローレンスが立っている。彼の口からは「残念ながら僕はこの会社を去ります」という別れの言葉が飛び出したばかりだ。

ローレンス、辞めるんだ……。

約２７０人のメンバーの間に驚き、動揺、混乱といった感情がさざ波のように拡がっていく。「3年間という短い時間でしたが有意義で楽しい広島ライフを送れました――」。スピーチが続いていたため誰もはっきりとは口に出さないが、彼らの中からは「次、誰なんだよ」「じゃあ誰が？」といったひそひそ声も漏れている。

彼らはまだ何も知らない。そして私は彼らと並んで普通に椅子に座っている。素知らぬ顔をしているが、内心はこれ以上ないくらい緊張している。

「では、これから新たにマツダのデザインを率いていく人物を紹介します――」

ローレンスの言葉に空気がピンと張り詰めた。私の名前が呼ばれ、立ち上がった。視線が身体に突き刺さる。部屋の前方へと歩いて行く――。

このとき自分が何を話したのか、正直のところあまり憶えていない。本部長就任を打診されてからこの日まで2週間しかなかった。たいしたことなど考えられるはずもなく、「突然こういうことになってみなさんも驚いていることでしょう――」といった当たり障りのない話に終始したような記憶がある。

「僕自身も驚いていて、どうしていいかまだわかっていません。だけど久しぶりに日本人がデザイン本部のリーダーを務めるということで、精いっぱいマツダらしさを追求していきたいと思っています。具体的なデザインの方針のようなものもまだありません。近々発表するつもりですので、それまで少し待ってください」――確かそういった内容のことを話したのではなかったか。

周囲の反応はどうだったのか。それに関してもうまく判断できない。きっと人それぞれであっただろう。ただし、多くのメンバーにとってリーダーが日本人になるというのは驚きだったように思う。ローレンスが退任するにせよ、次もまたフォードから同じように誰かが派遣されてくると思っていたはずだ。

しかし次は来ない。マツダ生え抜きの日本人がトップに就任する。それはローレンスまで

9年間続いたフォード主導のデザイン改革が終焉するということであり、これからマツダは自分たちの足で歩いて行くということを意味していた。前年、株式の部分で〝離婚〟は成立していたが、いよいよ現場の体制も別々になり、われわれは本格的に〝ひとり暮らし〟に乗り出すことになったのである。

再出発の舵取りをするのが私でいいのかという問題は別にして、この変化自体はデザイン本部の多くの人にとってポジティブなものだったはずだ。いくら優秀とはいえやはり外国人と日本人は感性の根本が異なるし、意思の疎通もスムーズに図れない。マツダのこともよく知らない、日本文化もよくわからない、突然やって来て指示を出したかと思えば数年後には何事もなかったかのように去っていく――そういう人の下で働くことには、みんな少なからず複雑な想いを抱えていたのだ。

絶対に負けられない戦い

晴れてデザイン本部長に就任した私だが、就任時はとにかく気合いが入っていた。

突然の要請に最初は戸惑ったものの、いったん引き受けてしまえばもう迷うことはなかった。「やってやろう!」という気持ちひとつで燃えていた。

マツダのデザイン本部には全部で270人が在籍しており、海外を入れると約300人といった数にのぼる。そこのリーダーになるというのは彼らを率いていくということである。一方、マツダは自動車メーカーとしては小さな方であるが、それでも連結で5万人弱の従業員を抱えている。年間で1千億円を超す営業利益を生むし、車1台作るために数百億円の投資もする。もし私がデザインの方向性をしくじったり部下を束ねきれないときは、会社は莫大なダメージを被り、それは当然5万人の上にのしかかる――そう考えると自分が就いたポジションの重さに押しつぶされそうになったが、それでも1週間がすぎる頃には闘志が重圧を跳ね返すようになっていた。

さきほども書いたように、これまで私たちは9年間も外国企業の傘下に置かれていたわけである。特に直近のローレンスとはさまざまな面で意見が分かれ、日本人としての美意識やマツダの人間としてのプライドという部分を徹底的に刺激されてきた。

だから就任してすぐに私が思ったのは、「これは絶対に負けられない戦いである」ということだった。久しぶりに外国人上司から解放されて日本人としてデザインができるのだ。もし日本人がトップになった途端、デザインが悪くなったということにでもなれば、再び海外からデザイナーが招聘されることになるかもしれない。それでは元の木阿弥だ。それだけはなんとしても避けなければいけない。

私は「何が何でも満塁ホームランを打つ！」という気持ちをほとばしらせて仕事に向かった。もはやプレッシャーなどどこかに吹き飛び、「このチャンスを絶対活かすんだ！」という覚悟だけがあった。余談だが、私は趣味で自動車レースをやっている根っからのレース体質の人間である。だから性格的に極度の負けず嫌いであり、一度やりはじめるとどんなことでも〝戦い〟〝勝ち負け〟になってしまうところがあるのだ。

では、就任から私はどのように動いていったのか。

まずはデザイン部のトップとして、私なりのマニフェストを発表しなければならない。これからデザイン部はこの方向へ進んでいき、こういう哲学でデザインを作っていく。こんな戦略で世界市場を戦い、これらのメーカーがライバルで、現在はこの場所にいるけれど数年後にはあそこを目指す——そういったことを部下にはっきり示さなければならない。

それと同時に、すでに進行しているプロジェクトも存在する。私自身アテンザのチーフデザイナーをやっていたし、その前に発売になるＣＸ‐５（２０１２年２月発売）のデザインもすでに半分以上できていた。通常、車のデザインは世に出る２年前にはすべて完成してないといけないので、ＣＸ‐５に関してはもうあまり時間がない。

ということで私は自分自身のマニフェストを構築しながら、目の前の車のデザインの指揮を執るという両面作戦を展開することになる。進行しているものに対して具体的な指示を出すとともに、私が何を考えているのか、今後のマツダデザインはどこに向かおうとしているのか、私はとにかくメンバーと話した。メンバーに向き合い、想いの丈を余さず伝え、絶対負けられない〝久々の日本人デザイン本部長〟という戦いをなんとか勝利に導こうと躍起になって走り回った。

想いを伝える具象が必要

しかしそんな私をショッキングな出来事が襲った。

マツダでは年に1回、社員のモチベーションや部内の活性度をチェックするため社員の意識調査を行っている。それはウェブ上で回答するもので、無記名でよく、自由記載欄が設けられている。

私がデザイン本部長に就任して半年ほどすぎた頃、その調査が行われた。しばらくして人事から結果が送られてきた。人事の担当者は「デザイン部、大丈夫か？」と心配そうな顔をしている。私はひったくるように調査結果を見た。

そこには惨憺たるコメントが並んでいた。就任して間もないこともあり、部内活性度に関する数字が低いことは仕方ないと思っていた。しかし私が目を疑ったのは、自由記載欄に書かれた意見の数々だった。「本部長の言ってることはわけがわからない」「マツダのデザインの将来が不安だ」……。

その中でも私を一番打ちのめしたのは「ローレンスの方がよかった。帰ってきてほしい」というコメントだった。確かにローレンスの方が「ここに線を入れる」など要求がはっきりしているので、わかりやすいのだ。一方の私はと言えば、決まったスローガンもなければ明快なスタイルもない。情熱ばかりが先行して、ロジカルでもないし部署の将来像も提示できていない。いくら気持ちに任せて「俺は自動車をこんなに愛していて、これを美しいと思う!」と熱弁をふるっても、みんなポカーンとしているばかりで、「この人、面倒くさいな……」という白けた空気が漂っていることはうすうす感づいていた。

最初の意識調査の結果を受け取ったとき、恥ずかしながら私は泣いた。その場では平静を装っていたが、部屋にこもると涙が溢れた。

今振り返れば、それは私にとって最低の時期だった。そして当時の私がそう言われても仕方のないリーダーだったことも今ではわかる。確かにあの時期、自分がデザイン部のメンバーだったら同じようなことを書いていたかもしれない。それくらい私は肩に力が入りすぎていたし、迷走し、独り相撲をしている状態だったのだ。

ただ、完膚なきまでに打ちのめされたことと引き換えに、私はいくつかの真実を手に入れた。それは私から甘えをそぎ落とし、以前からあった信念を鋼のように堅固なものに変えてくれた。

ドン底まで落ちた末にわかったのは、人に何かを伝えるには明確なものを提示しなければダメだということだった。結局のところ話す相手はデザイナー、いくら口で細かく説明しても「こういうカタチです」という現物がなければ何ひとつ伝わらない。抽象ではなく具象を差し出さないと、相手はこちらのイメージを理解できない。つまり〝カタチによるメッセージ〟――私に必要なのは、まずはそれだったのだ。

ただし、何かを伝えるには見た目だけでも十分とは言えない。フォルムを示した上で、同時にもうひとつ提示しなければならないものがある。チームでイメージを共有する上で、カタチと同じくらい重要で欠かすことのできないもの、それは一体何なのか？

それは言葉だ。まずカタチがあった上で、それを体現する一言があることでカタチは一層明確な像を結び、相手に伝わりやすくなる。つまり大事なのは、カタチと言葉――まるで車の両輪のように2つが並び揃ってこそ初めて相手を動かす力が生まれるのだと私は固く信じている。

言葉はカタチの一部

私は言葉によるメッセージを重視している。もちろん本分はフォルム作りにあるのだが、それでも言葉にはずっとこだわってきた。

デザイン本部長に就任して以降も、自分のやりたいデザインを表現するための一言をずっと探していた。最終的に「魂動」という言葉に辿り着くのだが、そこに至るまでは七転八倒したし、さまざまなパターンを考えた。答えに辿り着くまでの1年5ヶ月の間は大げさではなく、寝ても覚めてもそのことばかりを考えていた。

やはり一言という部分が重要なのだ。長ったらしくしゃべって「これがテーマです」と言われても、「?」ということになってしまう。だらだらと言葉を重ねるのは絞り込みが足りないせいもあるし、思考が突き詰められていないからそうなってしまうのだ。

だから本当のことを言えば、デザインテーマは漢字1文字にしたいと思っていた。「魂動」にして漢字2文字。2文字でもまだ長いという想いは正直ある。

表現したいことはたくさんある。プロポーションのことも主張したいし、われわれはこういうスタンスだということも表明したい。造形についても触れたい。これまでの会社の歴史も説明したい――それを一言で言うと何になるのか？　言葉にすると何なのか？

結局のところ、私は本部長に就任してから「自分のデザイン哲学は何なのか？」の答えを見つける作業と、「その哲学をカタチにするとどうなるか？」、そして「そのカタチの持つ意味を言葉に置き換えると何になるのか？」という、3つの課題に向き合っていたのかもしれない。最初の問いに関しては割と早い段階で答えが見えたが、哲学をカタチに、そして言葉に変換する作業については難航した。頭がおかしくなるほど考えたし、逆に言えば「魂動」という言葉が出た時点で自分の中の大きなヤマは越えた気がした。

と、こんなふうに書くと、どうしてデザイナーがそこまで言葉にこだわるのか、疑問に思う方もおられるだろう。デザインのよしあしについて悩むのならともかく、デザイン哲学をどんな言葉で表現するのか、そこに過剰な労力を注ぎ込むというのはデザイナーとして本末転倒ではないか。ビジュアルのクリエイションにどうして言葉が必要なのか、と。

もちろん私はデザインにおいてフォルム自体が一番重要だと思っている。デザインである以上、何はなくとも視覚勝負だ。しかし視覚を補完するための言葉というのも無視できない存在だと思うのだ。

たとえば、あるデザインを見せたとき、そのまままっすぐ伝わる場合もあれば、50％くらいの理解力で止まっているという場合もある。半分は理解できるけど、あとの半分はわかったようでわからないという状態で「うーん」と唸っているようなときである。そういうときにポンと一言載せるだけで、「あ、そういうことか！」と一気に視界が開けることがある。感覚的につかんでいたことに言葉が足されることでイメージと意味が結びつき、ストンと腑に落ちるのである。それは脳科学的に言うならば、右脳がつかさどる感性・イメージの領域を、左脳がつかさどる言語・ロジックの領域がサポートすることにより、さらに理解が深まるということになるのかもしれない。

そう考えていくと、言葉というのはもはや〝カタチの一部〟なのではないだろうか。言葉はカタチを構成する重要な要素であり、それゆえ言葉の使い方をひとつ間違えるとカタチも一緒に崩れてしまう。各自の解釈やチーム内のコンセンサスに混乱が生じ、実際のデザインにも齟齬が生じる――そのようなものだと私は思う。

心を通わせる〝哲学〟の模索

だから言葉は正確に使わなければならない。できる限り丁寧に扱わなければならない。コンセンサスを得るという意味では、たとえばエンジニアは数値で心を通わせることができる。「最大トルクの○％を維持して――」といった具合に数値で目標を立て、数値で理解を共有することができる。それは営業、販売、宣伝、経理……どんな部署も同じで、ほとんどの業務は数値という絶対目標をシェアすることでチーム一丸となって同じ方向に進むことができるようになっている。

ではデザインはどうだろうか。デザイン本部は何を頼りにイメージを共有すればいいのだろうか。デザインは数値では表現できない（数値化できる部分もあるが、すべてが表現できるわけではない）。実際のカタチを見せればわかりやすいが、それでも見る者によって解釈が異なったりする。

これは私論だが、デザイン本部とは心で結びつく以外、結びつきようがない部署なのだ。デザイナー同士は何よりもまず感覚で結びついていなければならない。感覚的にリーダーの目指すものが直感でき、「リーダーのやりたいことはこういうことだろう」という認識が部内に浸透していないと出てくるもののパワーは落ちる。絶対的な純度が下がる。だからこそ一瞬で想いが伝わる強いフォルムが必要であり、言葉の力というのは見過ごせない。カタチと言葉をセットにして届けることで少しでもメンバーの想起するイメージがクリアになり、解釈のズレが縮まるのならそれを試みない手はないではないか。

さらに、そこで伝えられる言葉は単なる文言では意味がない。私は自分の頭の中にある理想のイメージをメンバーたちに伝えたい。彼らと共有したい。そのときに必要な言葉とはどんなものだろう。「私が好きだから」という主観ではもちろん誰も納得しない。「こういう感じで」とか「ああいうラインで」といった各論で迫ったところで、そんなやり方をやっていたのではきりがない。

私が伝えなければならない言葉、ここで必要な言葉とは、「このデザインは何を追求したからこうなっているのか」という理由のようなものではないだろうか。そのデザインの根底にあるもの。本質であり核心でありアイデンティティ——いろんな言い方ができると思うが、それを私は〝哲学＝フィロソフィー〟と呼びたいと思う。

もし私が、思想を持たないインスタントなデザインでトレンドをリードしたいと思っているのであれば、これほど言葉にこだわらなかっただろう。自分が作る車を私の色に染め、好きなように作る。そして次のリーダーが来れば彼の色になる。リーダーというのは元来、自分の色を打ち出したい人間なので、必然的にコンセプトは変化する。それが続けばマツダのデザインは時代とともにコロコロ変わっていく芯のないものになっていたはずだ。

しかし私は、自分の発するマニフェストを独りよがりなものにしたくなかった。この先、時代が変わってもそれだけは変わらないという絶対軸のようなものを打ち立てたかった。だから私は考えた。自分がやりたいことは何だろう？　われわれがデザインで目指すべきものとは何だろう？　どうしてそこに向かいたいのだろう……？

私が見つめていたのはデザインだけではない。私はわれわれマツダデザイン部にとっての〝哲学〟を、なんとか言葉で、しかも簡潔な言葉で表現したかったのだ。

大事なものは自分たちの内にある

私はマツダのデザインを束ねる人間として何がやりたいのだろう？　私はどんなデザインを目指したいのだろう？――私は目の前で進行しているCX-5やアテンザのデザインを指揮しながら日々自問自答を続けた。このタイミングでデザインにおいて全社の模範となるものは作れないだろうか？　時勢が変わっても風化しないデザイン哲学は提示できないか？

――その問い掛けは次第に深い部分に進んでいき、やがてひとつの疑問にぶつかった。

結局、マツダは何を作ろうとしている会社なのだろう？

最初はプロダクトの表面を覆うデザインについて考えていたはずなのに、本質を突き詰めていくとその背後にある会社の歴史、考え方、ものづくりに取り組む姿勢、精神性のようなものが浮かび上がってくる。そういったルーツを避けて通れなくなる。マツダという会社の血とは何だろう？　そのＤＮＡには何が刻まれているのだろう……？

そう考えると、魂動デザインというもののもうひとつの側面が見えてくる。魂動デザインはマツダにとってビジュアルスタイルを決定づける美的なマニフェストであると同時に、マツダという会社のＤＮＡを洗い直し、再定義し、突き詰めていく運動でもあったのだ。

だから私は、デザイン本部長に就任して何か新しいことをやったという感覚はほとんどない。イノベーションはあると思うが、どこかから新しいものを持ってきて、それを植え付けたという意識はない。私はただ自分たちの足元を見つめ直し、捉え直し、もともと持っていたポテンシャルを引き出すことに全精力を注ぎ込んだだけである。

そもそもどこかから借りてきたような付け焼き刃のアイデアで真の成功など得られるものだろうか？　それはたとえ一時的に評価を得られたとしても、社内に根を張っていないぶん耐性がなく、脆弱なもののように感じられる。

私に言わせれば、大事なものは常に外ではなく自分たちの内にある。苦境を脱するためのアイデアも、ブレイクスルーするための突破口も、周囲から抜きん出るための渾身の一手もすべては自分の内側に眠っている。特にピンチに陥ったときこそ自分たちの内面をしっかり見つめ、何が得意で何が不得手なのか、自分たちは何のためにこの仕事に従事し、これまでどのような歴史を刻んできたのか——それを確かめることが必要になる。

私は改めてマツダの歴史を振り返った。１９２０年に設立され、まもなく満１００周年を迎えようとしている会社の膨大なヘリテージ（財産）を紐解いていった。

過去の車でデザイン的に優れているものはどれだろう……。私の中に2台のシルエットが思い浮かんだ。１台は１９６９年に発表されたルーチェロータリークーペ、もう1台は１９９１年に発表された3代目ＲＸ‐７。

では過去のデザインテーマで印象深いものは何だろう……。90年代前半、当時デザイン本部長だった福田成徳が掲げたコンセプト「ときめきのデザイン」。その時期「車は単に合理的な乗り物ではなく、理屈抜きにワクワクできるものでなければならない」という信念の下、光と影の美しさにフォーカスしたデザインが展開されていた。初代ロードスターやセンティア、3代目RX-7、ユーノス500といった車が発表され、その艶やかなフォルムはマツダの強みである優秀なクレイモデラーの能力を存分に引き出していた――。

目指すは〝生命感の表現〟

マツダのDNAを掘り下げていく中で私が辿り着いたのは〝動きのデザイン〟ということだった。R360クーペからはじまってコスモスポーツ、ファミリア、カペラ、サバンナ、RX-7、ロードスター……マツダの車は常になんらかの動きを表現してきた。〝動き〟は重要なキーワードだと思った。

では、その〝動きを表現する〟というのはどういうことだろう。ただ単にスポーティな雰囲気を打ち出したかっただけなのか。いや、違う。そこにこそ、この会社が長年追い求めてきた哲学があり、マツダと顧客をつないでいる最大の接点があるはず……。

さんざん頭を悩ませた末に私の前に現れたのは、ひとつのシンプルな言葉だった。

「Zoom-Zoom」

言うまでもなくそれは2001年に策定されたマツダのブランドメッセージである。子供の頃に感じた、「ブーブー」と言いながらおもちゃの車を走らせるときの歓び。高速で走り去る車を夢中で眺めていたワクワク感。結局マツダがずっと車に託してきたのは心が躍る感覚であり、それは〝躍動感〟というカタチでデザイン面でも表現されてきた。やはりすべては「Ｚｏｏｍ‐Ｚｏｏｍ」という言葉に集約されてしまうのだ。

私はそこからさらに思考を掘り進めた。

われわれは車にワクワクやときめきといったエモーショナルな要素を求めてきた。それは車をただの道具やただの機械だとみなさないということを意味する。われわれにとって車とは自分の分身のようなもので、〝愛車〟と呼びたくなるような擬人化された存在であったのだ。では、そんな家族の一員であり、相棒のようでもあり、恋人のような車を作るために、われわれデザイナーがやらなければならないこととは一体何だろう？

それは「車を仲間にする」ことではないか。仲間を作る……仲間を作るとは、すなわち車に命を与えるということ……デザイン的に命を与えるとは「生命感を表現する」ということ……そう、生命感！　これまでマツダがやってきた〝動きのデザイン〟とはすべて車に命を与えるためのものであり、生命感の表現にこだわり続けてきたのが１００年近い歴史を誇るマツダデザインのヒストリーだったのだ。

思考がそこまで到達したのが２００９年の末だった。当時、社内意識調査でのネガティブな反応を受けて、部のパワーがどんどん落ちていることは肌で感じていた。なので早く方針を決めて、みんなのやる気を引き上げなければいけないという焦りは強くあった。

だが私はそこで慌てなかった。焦りはあったが、それをなるべく押しとどめた。なぜなら就任する以前も以降も、私の中でやりたいデザインに関しては一切ブレることがなかったからだ。目指したい方向は直感的に見えていたし、それ以外は考えられなかった。「やりたいことは見えているが、その本質が何なのかわからない」というのが本部長に就任以降、このときまでの私の状況であり、「やっと本質がつかめたので、今度はその本質を具体的なカタチと言葉に変換する」というのがここから先の課題だった。つまりこの段階でマニフェスト作成に関しては道半ばであるが、私の中に迷いはなく、気は焦りつつも次第に姿を現しはじめたデザイン哲学の本質に手応えのようなものを感じていた。

ちなみに、こういったデザイン哲学の追究は私ひとりで進めていたわけではない。自分ひとりで悶々と考えてもなかなかいいアイデアなど出てこない。したがって、デザイン本部のメンバーともさんざんディスカッションしたし、エンジニアとも主張を戦わせた。最終的に私が独断で決める場合もあるが、なるべく多くの意見を聞きながらベストな選択に辿り着けるよう幅広い視野を持つというのは、私がずっと心掛けていることである。

漢字でシンプルに表せないか？

そして「魂動デザイン」という言葉が誕生する。

車に命を吹き込む、生命感を表現する、目指すのはいきいきとした躍動感……マツダのDNAを突き詰めていくことで、われわれが進もうとしている目的地のイメージは見えた。おぼろげながらカタチのイメージも湧いてきた。本質が見えた後はそれをどういう〝言葉というカタチ〟に封じ込めるかが焦点となる。できうる限り正確に伝えたいと思った。

そこからの道のりは長かった。どんな言葉に落とし込むか。ある種コピーライティングに近い作業は想像以上にいばらの道だった。

とにかく朝から晩まで言葉をいじり続けた。どんなところからも言葉を引き出し、われわれの哲学にそぐわないか当ててみた。何度か「これだ！」という瞬間はあったが、一度候補になりながら没になった案は100個以上ある。風呂の中でも考えていたので、お湯でふやけたメモ用紙も山のように溜まっている。

ただ、私は闇雲に考えていたわけではない。ある程度のイメージは持っていた。やはり日本の自動車会社なので日本語がいい。しかも漢字。理想的には漢字1文字。漢字にこだわっ

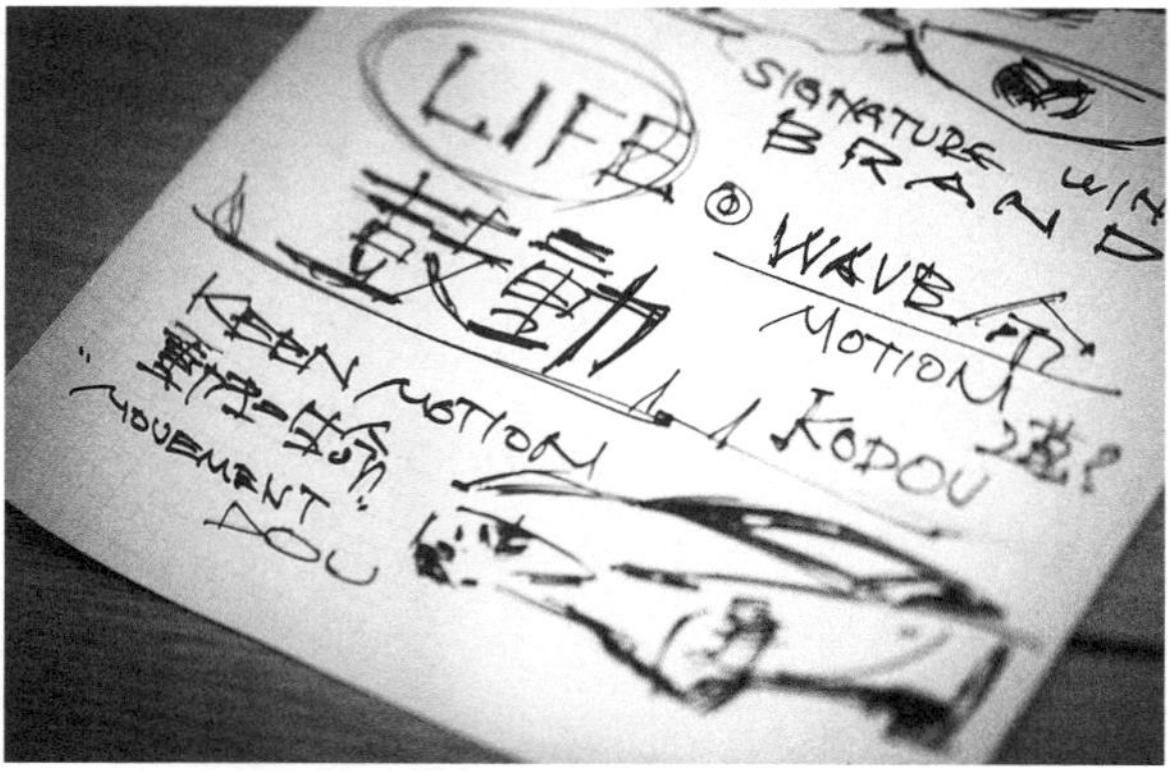

「魂動」に辿り着くまでのプロセスがわかるメモの一部

たのは、外国人にとって漢字はエキゾチックに映る場合が多いという理由からである。

　途中まで最有力候補は「鼓動」だった。私の中でマツダのDNAを表現する言葉として一番ふさわしいと思えたのは〝BEAT＝ビート〟というもので、それはワクワクドキドキを意味するハートビート＝心音、生命感の表出、命そのものを内包した存在……など私がイメージするビジョンの多くを含んでいるように思えたのだ。

　しかしそれを「鼓動」と漢字で書いてみると何かが足りない。確かにビートは感じるし、生命感も含んでいるのだが、文字面《づら》から伝わってくる〝心〟のインパクトが弱いのだ。

90％近くまでは表現できているのに惜しいな

……私はそんな未練をデザイン本部のメンバーの前で漏らした。わざわざ日曜日に集まってもらったミーティングの席で、私は目下の悩みを打ち明けた。いろいろ考えて「鼓動」にしようと思っているけれど、どうも「鼓動」という漢字がしっくり来ないいんだよ。他にいい言い方はないのかな……。

そのとき、ひとりのメンバーが声を上げた。

「じゃあ、魂はどうですか？」

その瞬間、私の魂も撃ち抜かれた。そうか、その手があったか！　本来〝魂〟という字は〝コ〟とは読まない。だが〝魂動〟と書いて〝コドウ〟と読ませることは可能ではないか？いや、そう読ませればいいのではないか……？

私は「解けた」と思った。まさに氷解したという感じだった。〝動きのデザイン〟を標榜してきたマツダであるがゆえ、言葉の中に〝動〟という文字が入ることは間違いないと思っていた。ここは動かしようがなくフィックスしていた。しかし問題は〝動〟に何を組み合わせるかだった。〝魂〟という言葉にはいろんな意味が込められる。魂に訴えかける美しさ、魂を震わせるデザイン、職人たちが魂を込めて作り上げた作品……どの意味もわれわれが目指している方向と合致する。

〝魂〟と〝動〟の融合。これだ、これしかない。やっと見つけた。ラストピースがぴったりはまって一気にドミノが倒れはじめた――。「魂動」という言葉の誕生はそれくらい衝撃的であり、天啓のようなものだった。この言葉が生まれたことですべてがはじまったと言ってもまったく過言ではない。

おかげさまで現在、「魂動デザイン」という言葉は世界中で使用されている。世界各国の車好きが普通に“How About Next KODO DESIGN?”というふうに使ってくれるのは、この言葉を生むために1年以上も苦しみ抜いた者にとって至上の喜びである。

ちなみに私たちが「魂動デザイン」に辿り着いたのは、マツダが新デザインテーマを全世界に向けて発表するわずか1ヶ月前のこと。本当にギリギリのことだった。

私は瀬戸際のところで、ずっと探し求めていたマニフェストをなんとか手に入れたのである。

動物の図鑑を読み漁る

マツダデザインの進む道筋に名前を与えることと並行して、私がデザイン本部で取り組んでいたことがある。

この章の冒頭で私は、「大事なのは、カタチと言葉——まるで車の両輪のように2つが並び揃ってこそ初めて相手を動かす力が生まれる」と書いた。そう、私は目指すべき理想を言葉に封じ込めるのと同時に、目指すべきカタチも模索していた。

誤解してほしくないのだが、確かに私は言葉の力を信じているし、メンバーたちにも正確な言葉遣いを求めているが、言葉とカタチのどちらが先に来るべきかと訊かれれば絶対カタチが先である、と答える。スローガンやコンセプトのようなものが先にあって、それに合わせてカタチを作るということはありえない。最初にイメージや理想像がまず浮かび、それを後から言語化していく。フィーリングが先にあり、それを追っかけでロジックに落とし込む。つまり「先にカタチ、言葉は後」——この順番は絶対であり、入れ替わってはならないものだと思っている。

なぜなら私たちはデザイナーであり、目で見る情報が一番大事だからだ。一見した印象がすべてであり、それで見る者を圧倒できなければこちらの負け。言い訳のような言葉をごちゃごちゃと並べるなど言語道断。文字通り、問答無用の真剣勝負を繰り広げるのがデザインという世界の鉄則なのだ。

だから私は言葉より先に、カタチを追究していった。マツダのデザインが「生命感の表現」であると気付いてからは、当然のように「じゃあ生命感のあるカタチとはどういうものか？」という疑問が頭をもたげた。生命感のあるカタチ？　はたしてそんなものはあるのか？　生命感ってそもそも何なのか……？

私は生命感について学ぶため、野生の動物が載っている図鑑や写真集を大量に買い込んだ。ヒョウが走っているところや、シマウマが走っているところ、シカが走っているところ……そんな写真を穴が開くほど眺め、動く生き物の原理原則は何なのか理解しようとした。最終的には野生動物の中で一番のスピードを誇るチーターに注目し、チーターはどうしてあれほど速く走れてなおかつ美しいのか――それはどんな状況でも目、背骨、尾と続く身体の骨格がブレないからだという結論に辿り着いた。今でもマツダ社内では「この車は背骨が通ってる」「この車は背骨が通ってないから却下」という表現が普通に使われるが、他のメーカーでは聞かれないような「車には背骨が必要」「車に軸を通す」という考え方は、車を生命を宿した生き物として見る、このときのトレーニングが影響しているように思う。

そして私はカタチの追求にデザイン部の連中も巻き込んだ。私は一部のデザイナーに車の絵を描くことを禁じ、動物の絵を描かせた。モデラーにも車のカタチを作らせず、動物のオブジェばかり作らせた。

それはさぞかし異様な光景だっただろう。休日、会社に行くとひとつの部屋にデザイン部のメンバーがずらっと集まっている。部屋には大きなスクリーンが張られ、そこにはチーターが走ったり、カモシカが走ったり、ライオンが走ったりする映像がえんえんと流されている。それを大の大人が熱いまなざしで見つめ、ときには「今の瞬間、いいね！」とか「なるほど、そういうふうになっているのか！」と感嘆の声を上げたりする。

一体ここは何の会社なのか？　これが美しいデザインを作ることに本当につながるのか？　そもそもチーターと車、動物と車を一緒に考えていいものなのか……？

カタチを突き詰めた〝ご神体〟

面白いことに、意識調査で活性度が低調と診断されたデザイン部だったが、この野生動物を参考にカタチを作っていく試みについては誰も反対しなかった。冷静に考えれば「なんで動物なんですか？」とか「こんなことをして何になるんですか？」という声が上がっても不思議ではないのに、そんなふうに口を挟む者はいなかった。

そこは、「それがマツダだから」という答えで納得してもらうしかないように思う。車であるからには美しく走らせたい。動くものの中で一番美しいものを作りたい――マツダの人

横から見たご神体

間として立場や感性の違いこそあれ、その想いはみんなが共通する部分なのだ。逆に言えば全員が一体となってそこにのめり込めるということが、われわれの中にマツダのDNAが息づいていることの証明だった。

　われわれは野生動物の写真や映像を見て、そのフォルムをスケッチしたりオブジェに仕立てたりする期間を何ヶ月もすごした。その間、車のことは考えなかった。大事なのはまずは理想を掲げること。実現可能かどうかは脇に置き、自分たちのビジョンをしっかりとカタチにすることが何よりも優先される。これも連綿と続くマツダの哲学であり、われわれはそんな行為を愚直に続けただけだった。

　そんな中で生まれたのが〝ご神体〟と呼ばれるものである。ご神体とは簡単に言えば鉄のオブジェである。できる限り要素をそぎ落とした曲面で覆われた、抽象的で象徴的なひとつのかたまり。それはわれわれが追い求めた〝生命感を内包したカタチ〟を極限まで突き詰めた存在であり、理想を昇華した結晶体だった。ある意味、デザイン哲学を言葉というカタチで研ぎ澄ましたのが「魂動」であるなら、目指すべき究極のフォルムを目に見えるカタチで現出させたのがこのご神体だったと言える。

〝ご神体〟とはものものしい言い方のように思われるかもしれないが、そのものものしさ、宗教的なまでの崇められ方も実にマツダらしいものだ。実際いくつかあるご神体のひとつは現在、金型を作る工場に常設されていて、そこではご神体の脇にワンカップ酒が置かれている。工場の職人たちによると〝お神酒〟なのだという。彼らにとって、それは半分は冗談だが半分は本気である。ものづくりに魂を捧げる職人たちにとってご神体はそれくらい神聖なものであり、絶対的に帰依する存在——マツダにはそういうスピリチュアルな姿勢が今も息づいている。

正面から見たご神体

デビュー戦の舞台はイタリア

ここに至って、やっと「魂動デザイン」をベースにした車作りがはじまる。

野生のチーターのエッセンスを立体のフ

靭（SHINARI）

ォルムに落とし込んだご神体。そのご神体をゆるやかにトランスフォームさせていくイメージで、車のカタチが整えられていく。

そうして生まれた新たな車体を、われわれは「靭（ＳＨＩＮＡＲＩ）」と名付けた。全身に力を漲らせ今にも飛び出そうとする形状、ボディの軸を貫通する強靭な骨格、ためた力を一気に解き放つ瞬発力、そして美しくしなやかな〝動き〟のつながり――そこにはわれわれが追求してきたすべてがあった。理想のすべてを盛り込んだコンセプトカーが誕生しようとしていた。

ＳＨＩＮＡＲＩのデビュー戦は決まっていた。２０１０年8月30日に行われる「マツダデザインフォーラム」。決戦の舞台はイタリア。ミラノから北に12キロ行ったところにある14世紀に建てられた宮殿、ボッロメオ。私は自分のデビュー戦を愛するイタリアでやると心に決めていた。これから世界に打って出る、日本人の手によるマツダデザイン。同じタイミングでわれわれの新たなるデザイン哲学である「魂動　KODO：SOUL of MOTION」という言葉も世に放たれる。

実はSHINARIの現物は、最終的にマツダ社内の人間には見せていない。クレイモデル段階でのお披露目は済ませたが、現物はギリギリまで作業していたため社長はじめほとんどの役員たちにも見せる時間がなくなってしまい、大急ぎで船に積み込んでミラノへ送るという状況だった。それくらいスケジュールは切迫しており、われわれは最後の一分一秒までSHINARIの完成に力を注いでいた。

デザイナーにとってアンベールの瞬間こそすべてである。ベールがはがされ、カタチそのものが姿を現す瞬間——その瞬間に観衆の心をつかむことができなければ、そのモデルは失敗だ。いくら後で言葉を尽くして説明しても、それではまったく意味がない。ベールをとった瞬間にオオーッという歓声が起こるか、自然に拍手が起こるか、もしくはゴクッとつばを飲むような静寂があたりを包み込むか……とにかくなんらかのリアクションが起こらなければそのモデルは駄作である。そうなると後片付けをして撤収するしかない。何度も書くが、感動を生み出すこと、それがわれわれの唯一にして絶対の使命なのだ。

勝負は一瞬で決まる。コンマ何秒、パッと見た瞬間に何を感じさせられるか、どんなインパクトを与えられるか——。

私の中で心拍数が上昇する。初戦ながらデザイナー生命を賭けた決戦。ＳＨＩＮＡＲＩに対する手応えは感じている。相当のところまで来ているという自信もある。アンベールに向けた演出も、ミラノに入って納得いくまで練り上げた。徹夜作業で寝ていないせいもあるのか、私の心中は火の玉のように燃えていた。

私の前には世界中のモータージャーナリストたちが並んでいる。彼らはベールをかけられた車に好奇の視線を送っている。私は彼らの一挙手一投足を息を飲んで見守っている。

静かな音楽が流れはじめる。東洋を連想させる音楽で、凛とした空気が会場を支配する。緊張が高まり、興奮が高まり、それが頂点まで達したときスピーカーからパーンと一発、太鼓の音が鳴った。それと同時に幕が引かれた。

魂動デザイン、ＳＨＩＮＡＲＩ、ワールドプレミア——。

第 3 章

ブランド論

［企業価値とは何か］

ブランド価値をひとつ上へ

結果から先に言えば、イタリアの地でＳＨＩＮＡＲＩは勝利を収めた。ベールを脱いだ瞬間、オオーッという歓声と拍手が沸き上がった。ジャーナリストたちの顔には興奮が浮かんでいた。ブラボー、ブラボー、ブラボー。彼らは目の前に現れたＳＨＩＮＡＲＩというカタチについて、そして「ＫＯＤＯ ＤＥＳＩＧＮ」というエキゾチックな名を持つフィロソフィーについてすぐに記事を配信。サプライズと賞賛に満ちたテキストが世界中を駆け巡るのに時間はかからなかった。

実際、このミラノでのＳＨＩＮＡＲＩ、そして魂動デザインのデビューは大きなインパクトを残した。それは対外的な意味でもそうだし、社内的な意味でもそうである。

ＳＨＩＮＡＲＩというカタチの完成と魂動デザインという言葉の定着によって、やっとデザイン部のメンバーの中にビジョンが見えてきた。「車に命を与える」「生命感を表現する」という方向性を示したことで目指す地点がはっきりしたし、なによりＳＨＩＮＡＲＩというモデルを見たことで彼らの目の色は明らかに変わった。これはカッコいい。自分たちもこんな車を作りたい——やはりマツダはものづくりの会社である。何も言わなくとも真に美しいものを目にした瞬間、彼らのハートに火が点り、創作に対するボルテージは一気に上昇したのだ。

それに加えて海外からの激賞である。自分たちが「いい」と思ったビジョンモデルに多くのメディアが高評価を与えている。自分たちがやろうとしていることは間違ってないんじゃないか？　この方向に進んでいけば、さらに大きな評価が得られるのではないか……？

ＳＨＩＮＡＲＩのデビューはマツダ社内に風を吹かせた。それは間違いなくポジティブな追い風であったが、しかしまだまだ微風程度のもの。私がデザイン本部長に就任して以降、最悪の時期は脱したかもしれないが、安定からは程遠く、突風に吹かれれば簡単に墜落してしまいそうなほど頼りない状況は続いていた。

さて、そのＳＨＩＮＡＲＩであるが、マツダが提示する新しいデザイン哲学「魂動デザイン」を表現したビジョンモデルというコンセプトの裏に、実はもうひとつの意味を持たせていた。私の中で思考してきた〝隠れテーマ〟に沿って、会社にとってもエポックメイキングとなる重要なメッセージを忍ばせていたのである。

それは、「この車でマツダのブランド価値を一段階上げる」というものだ。

私は以前からすべての物事を〝ブランド〟という観点で見ており、「このままずっとカジュアルなブランド位置に留まり続けてしまうとマツダには将来がない」と思っていた。だから、早くブランド価値を上げなければいけないと焦っていた。私はこのSHINARIというモデルをきっかけに、〝マツダのクルマ〟というものが持つ価値やイメージを、より上質で、より高級感のあるものへと変えていこうとしたのである。

言葉はあっても展望がなかった

そもそもマツダはブランドについてどのように考えてきたのか。振り返ってみよう。

まず、マツダでブランドという言葉が頻繁に使われるようになったのは2001年、ブランドメッセージとして「Zoom-Zoom」が発表されて以降である。それ以前、社内にブランドという考え方はまずなかった。自分たちは何なのか、世間からどう見られているのか、逆に世間からどのように見られたいのか——そんなことは考えず、時流に合わせて作りたいと思った車を作り、売りたいと思った車を売るという発想で会社を運営してきた。客観的な視点や大局的な構想が抜け落ちた状態で車作りに励んでいたのである。

それがフォード傘下に入り経営再建を目指す過程において、われわれは自分たちの本質を「子供のときに感じた動くものへの憧れ、ワクワク感」にあると定義する。車が好きで心ときめく状態。ダイナミックで、スポーティで、カジュアルで、アクティブで……そんなふうに目指す姿がクリアになっていくと、ブランドイメージというものもおぼろげながら立ち上がってくる。最終的にそれは「Ｚｏｏｍ‐Ｚｏｏｍ」というスローガンに集約され、世間でも社内でも定着することになった。

ただ、そこから10年間、「Ｚｏｏｍ‐Ｚｏｏｍ」という大きな枠組みはあったものの、それに沿ってマツダが計画的にブランドを育ててきたかというと、そうではないと私は思う。デザイン面においては数年おきにフォードから外国人デザイナーが派遣され、それぞれのテイストに染めあげて帰っていく。ブランドコンセプトはあったがデザイン上の哲学というものが存在しなかったため、各自が「Ｚｏｏｍ‐Ｚｏｏｍ」という広い池の中で好きなことをやっているような状態だったのだ。

それは他部署も似たようなもので、技術的にはＳＫＹＡＣＴＩＶ ＴＥＣＨＮＯＬＯＧＹの開発やものづくり改革などダイナミックな変化の渦中にいたが、特にリーマンショック以降は会社の経営状況がひっ迫していたため、「今後マツダは会社としてどのような方向に進むべきか？」ということについて考える余裕はなかった。目の前の経営、目の前の技術開発、目の前のデザインに対しては血眼になって取り組んでいたが、それらをトータルでパッケージする〝マツダブランド〟の展望については不明瞭なままだったのである。

その中で私はひそかに今後のデザイン戦略についての計画を練っていた。マツダというブランドを考えたとき、今はスポーティ、カジュアル……といったポジションに属している。しかし将来的には欧州の自動車プレミアムブランドがいるようなゾーンを狙いたい。なんとか現状維持ができたとしても、そこに行かないとマツダに未来はない。とにかくデザイン部としてはそのゾーンを目指していく——そうした意図でロードマップを描いて訴えたところ、社内で混乱が起こった。

「高級車を作って売るつもりなのか⁉」「そんなこと勝手にデザイン部だけで決められても困る」……。今思えば事前の根回しも足りなかったし、私も拙速だったように思う。まだ社内では誰も〝プレミアム〟という言葉を使っていなかったし、プレミアムというのが具体的にどういうものを指すのか、きちんとしたコンセンサスもできていなかった。

しかし、私はSHINARIにそのようなメッセージを織り込んだ。将来のデザインの方向性だけでなく、会社として目指す姿も示した。つまり、作るものの価値を高めていくという意味での〝プレミアム〟というベクトル。それは「今後マツダはこういう造形を作っていく。こんなカタチを追い求めていく」という以上に、「マツダは今後、ブランドとしてワンランク上を目指していく」という決意、宣言のようなものだった。

だからわれわれはSHINARIを単なるお披露目用の〝コンセプトカー〟とは呼んでいない。SHINARIを〝ビジョンモデル〟と呼んでいるのは、「これはマツダの近い将来の商品群に直結する車であり、決して机上の空論ではない」という意識からなのである。

市場調査を廃止する決断

それと同時に、私はデザイン構築の仕方についても、これまで行われてきた慣習を変えるために動いた。

具体的には「市場調査」の中止である。前にも述べたが、これまでマツダでは（というか、どの自動車メーカーも同じだろうが）新しい車を世に出す前、ある基準で集まってもらった一般ユーザーにいくつかのプロトタイプを見てもらい、ここが好き、ここは嫌い、ここをもう少しこういうふうにしてほしい、ここがこんなふうに変わったら買いたくなる――といった意見をヒアリングして、それを商品に反映させるという過程を踏んでいた。

しかし私はこれに強い不満を抱いていた。数年後に発売されるモデルに何が求められるのか、はたして一般のユーザーにわかるのだろうか。そもそもユーザーの言う通りにデザインや中身を変更するということは、メーカー側の意志やポリシーはゼロということにならないか。そんな受動的な姿勢でいる限り、マツダ独自のブランド価値はいつまで経っても確立できないと思っていたのだ。

各所との協議の末、新商品に対する市場調査は廃止することが決まった。しかし、ただ止めましょうというだけでは能がないし、納得しない人もいる。じゃあそれに代わる何かを用意できるのか？　そこでわれわれが差し出したのは、ＳＨＩＮＡＲＩ自体を大々的な市場調査にかけるという提案だった。

論法はこうである。ＳＨＩＮＡＲＩはこれから先のマツダ車のデザイン、魂動デザインを牽引していくビジョンモデルである。今後数年間にわたってリリースするマツダ車のカタチの源泉はすべてＳＨＩＮＡＲＩに含まれており、ここから派生していく。であるなら、ＳＨＩＮＡＲＩが一般ユーザーに受け入れられれば、この先のラインナップもデザイン的に間違っていないことになるのではないか？　ひとつひとつの車種を市場調査にかけてユーザーの反応をうかがわなくてもいいのではないか？

ビジョンモデルという存在自体もいまだかつてないものであるが、そのビジョンモデルの市場調査をやるというのも前代未聞のことである。だが、ＳＨＩＮＡＲＩは市場調査において人気を博し、われわれが目標としていたプレミアムブランドの車と比べてもほぼ互角か、それ以上の評価を叩き出した。それによってＳＨＩＮＡＲＩに続く次世代の車を一台一台市場調査しなければならないという縛りから、われわれデザイン部は解放されることになった。この改革に理解を示してくれた、ものづくりのトップとマーケティングのトップには本当に感謝したい。

デザインの決定権、イニシアティブをマーケティングの側からものづくりの側に移管していくということ――それは地味でわかりにくい変化かもしれないが、ブランド構築という点では重要なターニングポイントである。ブランドは一日にしてならず。デザインに端を発するわれわれのブランド改革運動はこのような形で日々しめやかに、しかし確実に進んでいったのである。

新技術に触れた瞬間、笑みがこぼれた

さて、私はこの章の冒頭でビジョンモデル・ＳＨＩＮＡＲＩ、デザイン哲学・魂動デザインの発表によって社内には一陣の風が吹いたと述べた。それはまだ会社全体を巻き込むほどの力強さは持っていないが、風向きを変えるには十分であり、「デザイン部、なかなかやる

じゃないか」「何か面白いことやってくれるかも」という期待は感じられるようになってきた。デザイン部内でも、「この人についていけばもっと高みに行けるのでは」という信頼が若干ながら芽生えてきたような気配があった。

そんな状況と前後するように、私のブランド観を根底から揺さぶる事件が発生した。

2010年8月、広島県南部のマツダ本社から車で北に2時間ほど走ったところにあるマツダの開発テストコース・三次《みよし》試験場。そこには社の役員などそうそうたるメンバーが集まっていた。これまで5年間にわたって開発が行われてきたSKYACTIV TECHNOLOGY。ついにその技術が完成し、試乗できるのがこの日だったのだ。

私は車を運転するのがなによりも好きなので、こうしたテストの場にはなるべく足を運ぶようにしている。そしていつも難癖をつけるので、技術畑の人間からは煙たがられていた。だが、今回はなんといってもSKYACTIV TECHNOLOGYである。マツダが社運を賭け、持てる技術のすべてを結集して挑んだモデルに気持ちが高ぶらないわけはなかった。

私はシートに身を沈め、エンジンを回した。アクセルを踏み込んだ瞬間、笑いがこみ上げてきた。

私が乗ったのは素晴らしい車だった。これまでのマツダの歴史では体験したことがないほどの出来栄えだった。シャシーはしっかりと組まれ、足回りはきびきびとよく動き、エンジンはケチの付けどころがない。ガソリンエンジンも圧巻だったが、ディーゼルエンジンに至っては走っていてゾクゾクするほどの仕上がりだった。

今後発売されるマツダの車にはすべてこのSKYACTIV TECHNOLOGYが搭載されることになる。私はハンドルを握りながら「今後マツダはこういう車を作っていく会社になるのか……」と思った。想像以上のクオリティを誇るSKYACTIV TECHNOLOGY。自分の会社がここまでの車を作ってくれたことに腹の底から快哉を叫びたい気分だった。

その瞬間、私の頭にひとつの想いが閃いた。

SKYACTIV TECHNOLOGYの完成により、マツダのブランドの格はこれから確実に数ランク上がる——。

私がSHINARIに持ち込んだデザイン面におけるブレイクスルー。それはマツダのブランド価値を一段階も二段階も持ち上げようという野心を含んだものだった。しかしその裏ではSKYACTIV TECHNOLOGYの開発による技術面のブレイクスルーが同時に引き起こされていた。

これが世に出ればマツダのブランド価値は実際に引き上げられることになる。となるとわれわれがSHINARIで描いたビジョンは夢物語ではなくなる。SHINARIはビジョンモデルなので、当時のわれわれの生産技術からすれば数段上のクラスのものを作ったつもりだが、SKYACTIV TECHNOLOGYが搭載されるとなると量産車のデザインもこのレベルでなければダメだ。SHINARIはもはや遠い未来のものではない。SHINARIは理想ではなく現実。今後はSHINARIがひとつの基準値になる――頭の中のパラダイムが一瞬にして切り替わった。

イチからのやり直しに非難轟々

その中で浮かび上がったのがアテンザだった。

アテンザは私がチーフデザイナーを務めていた車で、2012年の発売を目指してデザイン完成まであと1~2ヶ月というところまで迫っていた。CX-5に続く新世代商品群の第2弾として、発売までのロードマップを着実に消化していた。

しかし私はその時点でのアテンザのデザインに、正直なところ納得がいっていなかった。

もともとローレンスがいた時期にデザインの検討がはじまったモデルである。魂動デザインの構築の途中だったため、そのエッセンスも中途半端にしか取り込めていない。

そんなもやもやを抱える一方で、魂動デザインを突き詰めたSHINARIは世界的に高い評価を得ている。さらにSKYACTIV TECHNOLOGY搭載の試乗車を体験したことにより、今後のマツダデザインは一段階も二段階も高いレベルのものが要求されるということを痛感している。それなのに……。新世代のマツダのフラッグシップモデルがこんなレベルに留まっていていいのか？　締切が迫っているとはいえ、このままデザインを進めてしまっていいものか？——以前から感じていた疑問が再び頭をもたげてきた。

計画通り納品か、それとも……。本部長として悩みに悩んだ末、私はアテンザのデザインを全面的にやり直すことを宣言した。それまで進められていたデザインを捨て、魂動デザインに則ったカタチでもう一度作り直す。SHINARIを踏襲するカタチで、自分たちが自信を持って打ち出せる新生アテンザをイチから作り上げる。そちらの想いが勝ったのだ。

もちろん私の決断に社内のあちこちから非難の声が上がった。「そんな無茶を言うな」と訴える人もいたし、「おまえ、出るところへ出ろ！」「ここに来るまで何年積み上げてきたと思ってるんだ！」とケンカ腰で怒鳴り込んでくる人もいた。その反応は当然だろう。何年もかけ、ひとつひとつの合格審査を経てやっと完成直前まで辿り着いた車を「やっぱりデザインが納得いかない」という理由だけで根底からぶち壊そうというのだ。

魂動デザインに沿って作り直すということは、車の骨格から見直すことになる。ヘタをしたらエンジンの位置を移動させるという大手術も必要になるかもしれない。スムーズに進んだとして半年、最悪の場合、現行のスケジュールから10ヶ月は遅れるかも……私はひそかにソロバンをはじいていたが、そんな私に味方してくれる人もいた。彼は私の席にやって来て、「ひとまず『3ヶ月あればできます』と言うんだ、オレも後ろから援護するから」と耳元でささやいた。

私は経営会議で「3ヶ月、時間をください」と懇願し、なんとか了承を得た。だが当然のことながら作業は3ヶ月で終わることはなかった。

普段の7倍超えの受注

アテンザの改良はいばらの道だった。

一部のマネージャーたちは、SHINARIをベースにした魂動デザインを適用することが一番いいと言ってくれた。最新のエンジンに最新のデザイン。最新の技術に最新のカタチ。

それらを合わせて提示することがマツダのブランド価値をもっとも高めてくれるものと信じて、陰に日なたに私を応援してくれた。

しかし実際の改良作業は難航した。アテンザはなかなかＳＨＩＮＡＲＩになってくれなかった。ＳＨＩＮＡＲＩの肝は車体の重量感がタイヤの上にグッと乗っかっていくところで、それを指して〝しなる〟、すなわちＳＨＩＮＡＲＩと命名したのだが、アテンザはなかなかしなってくれない。全体のプロポーションが少しでも狂うと〝しなり〟というのは生まれないのだ。

そしてデザイン変更は車両開発部門との戦いでもあった。そもそも完成寸前まで進んでいた車の設計を突然ひっくり返されたわけで、向こうはこちらに対して不信感しか抱いていない。そのくせ「ここをもっとこうしたい」「こんなふうにできないか」などと無茶な注文ばかり付けてくる。

われわれは懸命にデザインの変更を進めていった。何度車両開発部に怒鳴られてもあきらめず、寝技のようにジワジワとこちらの意図を伝えていった。その際たるものが「Ａピラー（フロント・ウィンドウを左右で支える柱）」の位置で、アテンザはＡピラーを後ろに引くことがデザインの生命線になっていた。だが、Ａピラーを後ろに引くということはキャビンを含む全体が後ろに動いてしまうので車の構造が変わってしまう。だから車両開発部は本当に嫌がった。それでも少しずつ少しずつ、粘りに粘って交渉を続けたことで最終的にはAピラーを100ミリ近く後ろに引くことができた。

今思っても、そこには粘りと根気だけしかなかった気がする。われわれはあきれるほどのしつこさで、なんとかアテンザをぎりぎり〝SHINARIの量産バージョン〟と呼んでいいレベルまで押し上げることに成功した。

ちなみにその頃、デザイン部内の空気はどうだったか？　団結して一枚岩になっていたかというと、実際はそこまでではなかった。確かにSHINARIの評価で一時的に気勢は上がったものの、それを量産化するためのハードルは高く、「本当にこれを反映した市販車を作れるのか？」という不安も拡がっていた。おまけにチーフである私は各部署から集中砲火を浴びているのだ。「この人で大丈夫か？」「結局どこかでつぶれるんじゃないか？」——そんな疑心暗鬼も部内には漂っていた。だから、私が本部長に就任して2年目の社内意識調査でもまだまだ結果は低調なままだった。

それが翌年、空気が変わる。

2011年12月の東京モーターショーに、われわれは「雄（TAKERI）」という新世

アテンザ

代の中型セダンを表現したコンセプトカーを出展した。TAKERIこそ、われわれが旧モデルをひっくり返してでも追い求めた次期アテンザの理想のカタチだった。

TAKERIは東京モーターショーで黒山の人だかりができるほどの人気となった。SHINARIも確かに評判を呼んだが、あれはあくまでもビジョンモデルである。魂動デザインの方向性を示すものではあるが、いわば夢の車だった。だがTAKERIはコンセプトカーとはいえ、誰もが「これが次のアテンザになる」ということを理解していた。そのことを加味した上での盛況だった。

やっとその瞬間、私もデザイン部のスタッフも自信を持つことができたのだと思う。自分たちが納得のいくものを作り上げ、それがちゃんと受け入れられている。いったん工程をストップさせ、納期は大幅に遅れたが、それでもかつてより格段に高いクオリティの車を世に送り出すことができた。これで嘘つきにならずに済んだ――。

はたして2012年11月、アテンザは一般発売された。発売後1ヶ月間の受注台数は月間販売台数の7倍を超える好スタート。さまざまな障壁はあったものの魂動デザインはいよいよ現実のカタチとして商品化され、結果というフィードバックを生み出すサイクルに入った。

ブランドイメージのコントロール

CX－5、アテンザを筆頭に、マツダは新世代商品群としてアクセラ（2013年）、デミオ（2014年）、CX－3（2015年）、ロードスター（2015年）……と毎年のように新車を発表していったが、この過程で私が気を配っていたのはやはりブランドということである。各車種がどうこうと言うより、マツダというブランドをどう打ち出し、どのように進化させていくか。計画はプラン通りに進んでいるのか。そのことをトータルで見るのがデザイン本部長である私の役割だと思っていた。

具体的に言えば、これまで各車種のデザインというのはおおむねチーフデザイナーの裁量に委ねられていた。よく言えば自由ということになるのかもしれないが、社内において企画が一車種ごとに別々に進行していたため、デザインのテイストもバラバラなら、クオリティもバラバラ。まさに縦割り組織の弊害というか、〃マツダデザイン〃という総体の管理ができていないというのが現状だった。

そんな中、私はまずチーフデザイナーの役割に制限をかけることにした。最初に来るのは彼らがどんな車を作りたいかという個人的なクリエイションではない。先にマツダのブランドとしての設計図があり、各車種はその中で果たすべき役割が決まっている。「この車にはこういうミッションがある」「この車にはこういうミッションがある」……各車種が意図されたポジションに就いて初めてひとつのブランドが成立するという全体像を描いたのだ。

われわれはそのブランド全体の設計図をデザインポートフォリオと呼んだが、このデザインポートフォリオの構成を考えていくのが私の役割である。だから私の中には作るべき各車種のイメージがおぼろげながら見えており、それを各チーフデザイナーと話しながら具現化していくというのが車の作り方になる。一車種一車種、出たとこ勝負で作るのではなく、大きな潮流の中の一部として計画的に作るようになったのである。

その結果、個々の車をデザインする上で、デザインの方向性に関する悩みは大幅に減少した。すでに全体のグランドデザインが描かれているので迷う部分がなくなり、目的のポジションに一直線に向かえるようになったのだ。さらにクオリティに関しても、トータルな視点があることで車種間のバラつきが減り、常に一定の質が担保されるようになった。

その一方で、より重要性を増してきたのはマツダデザインをどう発展させ、どう進化させていくかというブランド・ディレクションの部分だった。ブランドイメージを固めながら、深めていく。ここはイメージを拡げるときか、もしくは定着させるときか。この車種では魂動デザインのどういう側面を打ち出すべきか、どういうサプライズを仕掛けるべきか……そうしたブランドイメージのコントロールを戦略的に行うことが要求されるようになってきたのだ。

ブランドのコントロールというのは非常に繊細で、難しいものだ。各車種のデザインには〝境界線〟というものがある。イメージの境界線、狙うターゲットの境界線、採用する作法や様式の境界線……われわれは新しく車を発表することによって、その境界線のフレームを少しずつ拡げたり、深めたりする。ポイントはあくまでも少しずつという部分で、ここを一気に動かしてしまうとそれまで築き上げたブランドのストーリーが崩れてしまうことがあり、継続的な時間軸の中で表現されなければならないものだと私は思っている。

SHINARIの3つのキャラクターライン（白線で表示）

なので、われわれは常に境界線のギリギリを狙ってデザインを作ることになる。いかにこれまでのエッセンスを残しながら、車に新鮮な驚きと変化を持たせていくか。その判断の基準となるべき境界線のリミットがどこにあるのか。それをどのタイミングで、どのように動かしていくのか。その見極めが非常に重要になるのである。

車もデザインも世界一という勲章

いくつかの車について具体的に話してみよう。

まず基本的なこととして、魂動デザイン第一世代の車は3つの波からスタートした。フロントホイールの上部にピークが来るよう描かれた1つめのライン。車体下部を走りリアフェンダーへと至る2つめのライン。そしてリアタイヤから前方へと伸びていく3つめのライン。この3つのキャラクターライン（車の基本形状を構成する線）によって魂動デザインは野生動物のような躍動感を表現したのだが、アテンザに関して言えばそれぞれのカーブはゆったりしていた。ひとつひとつが穏やかなストロークを描き、優しいメロディを奏でるようなイメージだった。

それがアクセラ、デミオと移るにつれて、キャラクターラインを2本に減らし、カーブを短くして動きを強めた。音楽にたとえるなら優雅な感じのクラシックからビートの効いたロックに転向したというか。アテンザ、アクセラ、デミオはそうしたリズムのとり方、強弱の付け方でバリエーションを作ったパターンである。

しかし、CX‐3では異なる進化を試みた。リズムのとり方をフラットにし、アテンザで採用した柔らかなカーブを抑えて、なるべくストレートなラインを引くよう指示した。その結果、車にクールな印象が加わった。

そしてロードスター――ロードスターに関しては、魂動デザインによる各車種のリニューアルのラストを飾るという大役もあったが、スポーツカーを愛する私にとっては特別な思い入れがあった。世界中に熱狂的なファンが数多く存在し、マツダのブランドイメージを大きく決定づけた逸品である。それゆえ世界中のロードスターファンが「素晴らしい！」と賞賛してくれるようなものを作らないと成功とは言えなかったし、だからこそ生みの苦しみも大

ロードスター

きかった。私が手掛けた車の中でももっとも苦労したのはアテンザだが、次はロードスター。それくらい気合いが入っていたということである。

ロードスターではリアルなスポーツカーのゾーンを目指しつつ、ロードスターらしいお気楽さ、ハードルの低さも残そうとした。これまでのロードスターのヘリテージ（遺産）を継承しながら、そこに魂動デザインの要素を加えて現代的にアップグレードしようとした。そのために使ったのは、今度はキャラクターラインを封印するという手法である。魂動デザインの象徴だったラインをなくし、立体のフォルムだけで魅せるというやり方を採用したのだ。

キャラクターラインを消し、あくまで立体の造形美だけで勝負するという方針は、その後の

RX－VISION、つい先日発表したVISION COUPEにも通じる次世代デザインの特徴として継承されていくことになる。CX－3ではラインをフラットに変え、ロードスターではライン自体を消す。このようなやり方で私は魂動デザインに揺さぶりをかけ、その枠組みを拡げようとした。マツダブランドを常にフレッシュでスリリングな状態に保ち、ブランド価値を向上させていくことを試みた。

そのひとつのクライマックスが2016年3月25日、ニューヨーク国際オートショーにて発表された、ワールド・カー・アワード（WCA）主催の2016年「ワールド・カー・オブ・ザ・イヤー」「ワールド・カー・デザイン・オブ・ザ・イヤー」だった。ロードスター（海外名Mazda MX－5）はこの両方の賞を受賞。「ワールド・カー・デザイン・オブ・ザ・イヤー」に関しては日本車で初めての受賞、1車種によるダブル受賞というのはこの賞が創設されて以降初めての快挙となる。

車として世界一、デザインもまた世界一――それはSKYACTIV TECHNOLOGYと魂動デザインという両方の側面から改革を推し進めたマツダの新世代商品群が、ついに世界のトップに立ったということを示す輝かしい勲章となった。

ブランドこそすべて

さて、ここまで私がいかにブランド戦略というものを念頭に置きながら各車種のデザインを作っていったかについて説明してきたが、ここからは改めてブランドというものに焦点を当てて考えてみたい。

そもそもブランドとは何なのか？――はっきり言って、私はブランドは企業にとって経営と同じくらい重要なものだと考えている。少なくとも、ブランドは私たちが売っている商品より上位に位置するものでなければならない。なぜなら商品が入れ替わってもブランドは続いていくし、たとえ社長の交代があっても社員の構成が変わろうともブランドはそのまま生き続けるからである。

逆に言えば、その血脈が途絶えない限り永遠に生き残っていくのがブランドというものの本質かもしれない。商品は変わる。スタッフも変わる。今こうして勤務している私たちもいずれ会社からいなくなる。しかしブランドだけは残る。１００年前の大正末期に生まれ、第二次世界大戦の戦火をくぐり抜け、なんとか今日まで生き永らえてきたマツダという会社のヒストリーもおそらくまだまだ続いていく。

だから私は会社の商品やインフラ、社員のスキルやマンパワーというものは、すべてそこに向けて機能しなければならないと思っている。オール・フォー・ブランド。すべてはブランドのために。私にとってブランドこそ最上位概念であり、これまでもブランド至上主義者の立場からデザインを行ってきたつもりだ。

そんな私がデザイン本部長に就任して最初に取り組んだのが、「ブランドをものづくりの側に移管させること」であった。市場調査の廃止もそうだが、私は当時のブランドの扱い方に納得がいっていなかった。当時はマツダのみならず多くの会社において、ブランド管理はマーケティング部門の管轄であり、ブランドは売るためのツールに過ぎなかった。〝ブランディング〟という言葉が当たり前のようにささやかれ、利益を生むためにこれをどう使うかという視点でしか語られてこなかった。あくまでブランドは〝利用するもの〟であり、ブランドを〝作る〟とか〝育てる〟（もしくは〝守る〟）という発想は見られなかったのである。

しかし、今は「企業価値＝ブランド」という時代である。世界を見渡しても人々の間で知名度が定着している会社にはちゃんとブランドをつかさどる部署というものが存在する。企業の生命線として、いかにブランドをアピールし、成長発展させていくかということが独立した機関によって日夜研究されているのだ。

そういうことを考えると、自戒も込めてこれまで日本の自動車メーカーは一体何をやってきたのだろうと思わせられる。日本の自動車メーカーはすでに創業からほぼ100年の歴史を誇っている。これは海外の自動車メーカーと比べても遜色のない年月である。たとえばドイツでガソリンエンジン付きの三輪車が発売されてから約130年。アメリカで大衆車が大量生産されるようになって約110年。欧州の有名メーカーの中にはマツダより後に設立されたものもある。

それなのにブランド価値という面において、われわれは欧米のメーカーに大きく水をあけられている。同じくらいの年月、車を作ってきたにもかかわらず彼我の差はどうして生まれてしまったのだろう。

それはこの100年の間、日本の自動車メーカーはブランド作りというものに力を入れてこなかったからである。マツダも含めて、車文化を築くということに労力を注いでこなかった。だから今、中国やインドといった新興国が猛烈な勢いで勢力を伸ばす中、われわれは窮地に立たされている。この熾烈な量産合戦から抜け出す唯一の〝蜘蛛の糸〟であるブランドの重要性にやっと気付いたというのが現状なのである。

人は作り手の志を買う

ではそのブランドを形作るものとは一体何だろう？　マーケティングに携わる人たちは〝ブランディング〟と呼ばれるイメージ戦略によってブランド価値を上げられると考えているようだが、私に言わせればそんな魔法の杖など存在しない。錬金術のようなやり方で誰もが憧れる理想の商標を手に入れることなど逆立ちしてもできはしない。

ブランドにとって一番大事なもの――それはまず作品である。最高のブランドを作ろうと思ったら、まず最高の作品を作るしかない。作品自体が個性的で、世界のトップを張れるようなものであれば、おのずとブランド価値は付いてくる。

たとえばルイ・ヴィトンしかり、カルティエしかり。作品そのものが素晴らしいから多くの人々が敬意を表し、特別な存在とみなし、それが長い時間をかけてブランドとして定着していくのだ。まず本質において抜きん出ていること。多くの称賛を集めるだけの技能や、美的感覚や、ものづくりの姿勢を備えていること。われわれの場合で言うと、なにはともあれ作る車が素晴らしいこと――そうした本質を抜きにブランドを語ることなど本末転倒であるし、噴飯ものだと私は思う。

そう考えると、ブランドというものの本質が少し見えてくる。やはりブランドとは、人々のリスペクトという感情と切り離して考えられないものなのだ。憧れ、賞賛、尊敬、崇拝、畏怖、熱狂、陶酔……さまざまな言い方が可能だが、こちらが提示した商品を相手が受け取り、そこに信用が生まれるということ。こちらが作った作品が相手を感動させ、一目置かれる存在になること。ブランドの根底にはそんな基本的な信頼関係があり、その関係性は回数を重ねるごとに強固なものに変化していく。一度だけだとまぐれかもしれないが、それが二度三度と続くうちに信頼は確信へと変わり、「ここに頼めば間違いない」「ここが作るものは決してハズレがない」という絶対的な評価へと成長していく。その評判はブランドの名前とともに広く流布し、やがて誰からも認められ、世界中で愛される存在になる。

それは見方を変えれば、人々は作り手の志というものを買っていると言えるのかもしれない。作品そのもののクオリティは言わずもがな、その背後にある技術力、ものづくりに対する姿勢、文化、会社が辿ってきた歴史……もはやブランドはすべてを包括する。ブランドは会社の生きざまそのものと言っても過言ではない。昨今消費の世界において「人々はモノを買うのではない。モノの背後にある〝物語〟を買っているのだ」という言説をよく耳にするが、それはまさにブランドのことを指している。ブランドは本質であり、歴史であり、文化であり、そこに集う職人の技であり、背後に流れる物語であり……ブランドの許容量はかくも広大で、膨大で、それゆえ私は「ブランド＝最上位概念」、つまりすべてがブランドに集約されるという考えに辿り着いたのである。

ちなみに蛇足ではあるが、これも昨今の消費社会でよく言われる言説として「〝モノ消費〟から〝コト消費〟へ」というものがある。かつて消費者はモノを購入、所有することで幸福感を得ていたが、現在は友人たちとのイベント体験など、いかに豊かな時間をすごすかということに関心がシフトしていると言われる。簡単に言えばCDを買うよりロックフェスに行くこと、バレンタインでチョコレートを贈るよりもハロウィンでコスプレメイクをすることが主流になっていることなどを指す。

その現象自体はうなずける部分もあるが、私が引っかかるのは「だからものづくりは脇に置いておいてもいい」といった風潮が強まっていることである。今は猫も杓子も「どんなイベントを作るべきか？」「どんな場作りが必要か？」といった話題ばかりで、ものづくりについては軽視されがちである。私に言わせれば、モノがよくないのに場だけ作っても意味はない。こうした昨今の動きが、表面的な流行に左右されて本質を見失っている日本的な現象に見えてしまうのは私だけだろうか。

スタイルを一元管理する専門部署

私がブランドというものについてひとかたならぬ想いを抱いていたことはこれまでの文章で理解していただけたと思うが、その集大成が2016年4月、マツダ社内に「ブランドスタイル統括部」という新部署ができたことである。私はアテンザが形になったあたりからより声を大にしてブランド様式の重要性を説くようになったが、ついにそれが認められ、デザイン本部内にブランド様式を整える専門の部署が立ち上がることになった。

ブランドスタイル統括部で何をするかというと、ブランド様式にひとつのトーンを与えていくのである。先程私は、作品、哲学、歴史、文化、社員などすべてがブランドに含まれると書いたが、そういった会社のアイデンティティを具体的にどう打ち出していくか、抽象的で不確かな総体にひとつの〝型〟を与え、可視化させていくことが必要になる。いくら立派なアイデンティティを誇ろうとも、そこに一貫性がなく、全体の足並みが揃っていなければブランドとしての見え方は不格好なものになってしまう。

つまりブランドには、一定の「様式（スタイル）」というものが不可欠なのである。様式はどんな細かなものにでも適用される。キーフォント、キーカラー、キービジュアル、広告の打ち出し方、ネーミングのセンス、車であれば販売店の建築様式、店のインテリア、販売員の制服、話し方、営業方法……どれも適当に決められてはいけない。すべては「会社のブランド・アイデンティティがこうだから、こうなのだ」という必然性の下に設定されなければならない。

新設されたブランドスタイル統括部は、そういったブランド様式にまつわるトーン&マナーをルール化していく部署である。これまで広告部、宣伝営業部、販売店など部署ごとに決めていたものを一括し、一元的に管理すること。これによってブランドイメージの拡散を防ぎ、「どこを切ってもマツダらしい」という一貫性がだいぶ表現できるようになった。

特に大きく変わった例としては、ディーラーやショーブースなど車が置かれる環境の整備が挙げられる。ブランドの根幹は作品であるが、作品を美しく見せるためにはそれを入れる器もまた重要である。車にとって器と言えば、販売店でありモーターショーの会場になる。

今われわれは全国の販売店を順次〝新世代店舗〟に切り替える動きを進めている。東京の高田馬場店と目黒碑文谷店はマツダと同じく広島を拠点に置く「サポーズデザインオフィス」の谷尻誠氏（対談収載）、吉田愛氏と組んでリニューアルを行った。どちらも黒を基調に木材を組み合わせ、上質でありながらも温かみのある空間を作り上げている。これら新世

関東マツダ高田馬場店

関東マツダ目黒碑文谷店ショールーム

代店舗の最大の目的はもちろんマツダの車を美しく見せることであるが、店舗自体をデザイン本部が監修することでマツダブランドのさらなるアピールにも貢献している。

カラーも造形の一部である

他にもわれわれが積極的に整備したものとして〝色〟というものがある。特に魂動デザイン以降は「カラーも造形の一部である」という考え方の下、〝匠塗（TAKUMINURI）〟という塗装技術を用いたマツダ独自の色彩表現を追求してきた。その代表例がソウルレッド（2012年に発表されたソウルレッドプレミアムメタリック、それをさらに深化させたソウルレッドクリスタルメタリックがある）であり、そして力強い黒色を表現したマシーングレープレミアムメタリックであるのだが、それらもまた「マツダらしい色とは何だろう？」という視点から産み落とされたものである。

そもそも私はアテンザが世に出るとき、マツダ独自のブランドカラーをアピールしたいと考えていたのだが、調べてみるとマツダには規定されたブランドカラーがないことに気が付いた。ロゴに使われているマツダブルーという水色はあるが、どこにも「ブランドカラー＝水色」という記述はない。したがって私は、マツダのブランドカラーが何色であるべきかを改めて検討することにした。

ここでも参考にしたのはマツダのＤＮＡである。マツダの過去のヒット作を振り返ると、赤のファミリア、赤のＭＰＶ、赤のロードスター、赤のＲＸ‐８……など常に赤い車で人気をさらってきたという歴史がある。一般的に販売数が少ないと言われる赤い車でここまでヒットが続くことも珍しいし、そもそも赤は情熱の色。われわれが重視しているパッションや生命感とも重なるところがある。それゆえ「ブランドカラー＝赤」と決めて、赤の中でもどんな赤がふさわしいか模索していく中で、深みと鮮やかさを両立させるソウルレッドに辿り着いた。

匠塗の第2弾であるマシーングレーも、そこに至ったのは「われわれは常に機械の美しさに魅了され、鉄の質感にこだわり続けてきた会社である」という理由からである。このような話をすると「色にまでルーツや哲学を求めるのか⁉」と驚かれるが、それこそがブランドの記号性。マツダがこういう会社だから赤を選び、グレーを打ち出す。常にそこには確固とした理由があり、たまたまとか気まぐれという姿勢は存在しない。

ちなみにソウルレッドに関しては面白い話がある。ソウルレッドには全国の愛好家が集まる「ＣＬＵＢ ＳＯＵＬＲＥＤ」というファンクラブがあり、２０１５年にはマツダのＲ＆

Dセンター横浜でオフ会が行われた。ロードスターのファンクラブだったり、RX‐7のファンクラブだったり、車種によってファンクラブができるのはよくある話だが、色にまつわるファンクラブができたというのは聞いたことがない。これもソウルレッドがただの色ではなく、その裏に匠塗という特別な技術や、魂動デザインのスピリットや、エンジニアたちの色彩設計に対する執念が反映された〝ブランドカラー〟であるがゆえに生まれた現象だと思っている。

最後にもう一度書こう。

私にとってブランドとは何か？　私にとってブランドとは、「われわれはこのように生きていく、こうした志でビジネスをやっていく」という宣言のようなもので、ブランドスタイルとはそれを目に見える形で表現した様式である。そこには仕事に対する考え方も、会社の歴史も、職人たちの技能もすべてが含まれている。企業にとっては魂そのものであり、いくら商品が変わっても、役員の面々が変わっても、それは未来永劫生き続けていく。ブランドだけは朽ちることなく残るのだ。

だからブランドは大切にしなければならない。マツダは自覚的にブランドに向き合いはじめて間もないが、ようやく人格探しの時期が終わって、アイデンティティが定まりはじめたところである。

会社としての〝自我の目覚め〟を終え、これからやっと〝大人の企業〟として胸を張って世界に打って出られるのではないかと考えている。

コラムI・広島のDNA
世界に示された「Mazda a pride of Hiroshima!」

前章で私は、魂動デザインとは「マツダという会社のDNAを洗い直し、再定義し、突き詰めていく運動でもあった」と書いたが、それは同時にさまざまなもののルーツを掘り返し、われわれがどのような基盤の上に立っているか改めて考えを深める機会でもあった。ここでは魂動デザインにも影響を及ぼしたDNAのうち2つを採り上げ、それについて簡単に綴っておきたい。「魂動デザインにはこういう側面もあったのか」という理解の助けになれば幸いである。

まずは広島という街のDNAについて。

マツダは広島の会社である。1920年、東洋コルク工業株式会社という名前で広島市中島新町(現在の平和記念公園の近く)に創立された。当初はワインなどのコルクを作っていたが、創業者の松田重次郎は工作機械に進出。1931年に3輪トラックを発売し、自動車産業に参入する。3輪トラックは第二次世界大戦後すぐにアメリカやインド、タイなどに輸出されるようになるが、その際作られたポスターには赤い3輪トラックのイラストとともに「Mazda a pride of Hiroshima!」というコピーが大きく描かれている。まさしく原爆の惨禍から復興を目指す時期だったこともあるが、「マツダはヒロシマの誇りでありたい」というスピリットは当時から社内に行き渡っていたのである。

さらに歴史を紐解いていくと、広島にマツダが誕生したのも偶然とは思えないところがある。

古来、中国地方は製鉄業が盛んな地域だった。スタジオジブリの映画『もののけ姫』で有名になった〝たたら製鉄〟。中国地方は砂鉄が豊富に採れるため、それらを原料に製鉄業が発展し、近代までは日本で生産する鉄の半分以上がこの地域で作られていた。つまり日本の重工業における中心地だったのである。

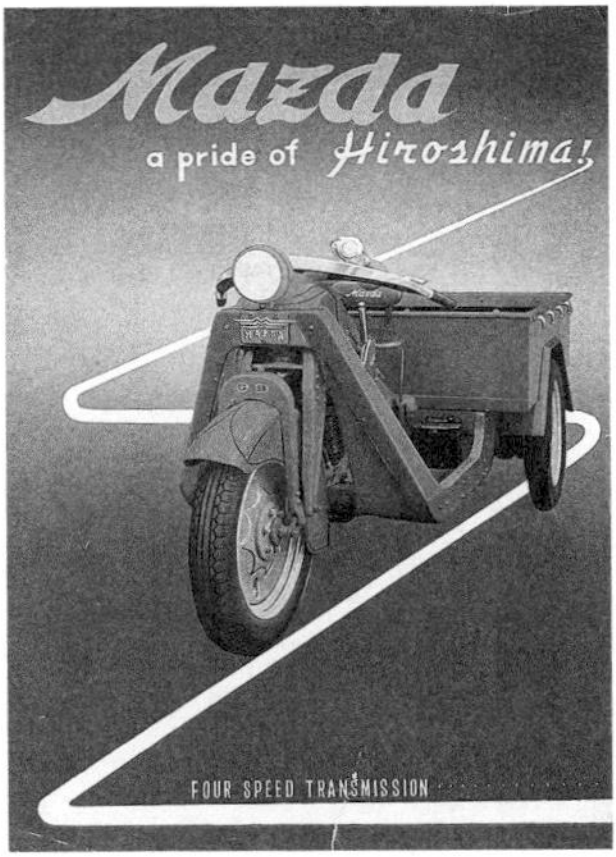

戦後、海外へ輸出された３輪トラック

鉄があるところには職人が生まれる。職人がいればものづくり文化が発展する。その象徴が〝安芸十《てん》り〟という言葉である。

〝十り〟とは鉄に関係する道具で、名前の最後に〝り〟が付くもの――具体的にはマサカリ（鉞）、ハリ（針）、キリ（錐）、イカリ（錨）、ノコギリ（鋸）、クサリ（鎖）、ヤスリ（鑢）、カミソリ（剃刀）、オモリ（錘）、チキリ（杠秤《こうしょう》）を指す。〝安芸十り〟とは、そうした鉄製品を作る手工業が安芸地区で栄えていたことを表している。

造船業の伝統

そういったものづくりの土壌に加え、明治に入ってから呉に軍港が作られたこともあって広島では造船業が花開いた。しかし太平洋戦争で敗北。ではそこに関わっていた職人たちやものづくりの姿勢は戦後どこに行ったのか？――それは自動車産業＝マツダに流れ込んだのである。

マツダは戦前から自動車を作っていたが、戦後は、造船業の仕事を失った職人たちを大量に受け入れた。その歴史的事実は今も思わぬところに痕跡を残している。戦後マツダは3輪トラックを大量生産するために図面を必要とするのだが、その図面を引いたのがこれまで造船業に携わってきた職人たちだったのだ。

だから今もマツダで使われる図面では、あちこちに造船用語が使用されている。たとえば水平方向の高さのことをウォーターライン（ＷＬ）と呼ぶし、車を正面から見たときのカタチはバトックライン（ＢＬ）、車を横から見たときのカタチはトランスバースライン

（TL）と呼ぶ。これはすべて造船業で使われる言葉である。

呉では当時の日本の最新技術が詰め込まれた戦艦大和も作られた。一隻の戦艦を作るためには天文学的な数の技術が必要となる。たとえば照明のためのレンズ製作の技術、壁面の塗装技術、船体の組み立て技術……これらはすべて戦後マツダの自動車作りに受け継がれた。つまりマツダのDNAを紐解いていくと、たたら製鉄や造船といった、この地に脈々と流れるものづくりの血が浮かび上がってくるのである。

また、それとは別に、広島という地域は昔から移民が盛んなところだった。農地に適した土地が少ないため、農家の嫡男以外は故郷を離れ、新天地を目指さざるをえないという事情があった。彼らは明治以降、北海道（北海道北広島市は広島からの集団移住者が中心になって作られたところから命名された）やハワイ（日本から約3万人が移住したが、そのうち約1万人が広島から。全体の約38％で全国一）に積極的に出て行き、未開の地の開墾やサトウキビ畑での労働に従事することとなる。

そういった果敢なチャレンジ精神――海の向こうに活路を求めて現地でたくましく生きていく姿勢、そして現状に安住せずロマンに情熱を注ぐ態度――はロータリーエンジンの開発やSKYACTIV TECHNOLOGYへの挑戦など、常に夢を追い続けてきたマツダの気質とも重なるところがあるように思う。

そういうことを考えると、「Mazda a pride of Hiroshima!」というポスターの文言は改めて胸に沁みてくる。われわれはヒロシマに生まれたからここまで来られた、マツダは広島の文化・風俗の集大成として存在しているのだ、とそんなふうに思うのである。

コラムⅡ・前田育男のDNA
父はマツダの初代デザイン部長

もうひとつのDNAとして、私個人のルーツについても簡略に綴っておきたい。

ご存じの方もおられるかもしれないが、私の父の前田又三郎もマツダでお世話になった人間である。私と同じくデザイン部のリーダーを務め、初代RX-7を手掛けた。父がRX-7をデザインし、四半世紀後に息子の私がRX-8をデザインするというのはなんとも不思議な因縁である。

このような事実を書くと、私が父の跡を継いでマツダに入り、カーデザインの道を志したように思われるかもしれないが、それは間違いである。むしろ思春期の私は車のデザイナーにだけはなるまいと考えていた。

なぜかと言うと、幼少期の私にはデザイナーという職種の人たちがあまり魅力的に映らなかったのである。父は部長だったので部下をよく自宅に呼んだが、彼らはいつも大酒を飲んで暴れ回っていた。さらに家には初代ルーチェのデザインを手掛けたジョルジェット・ジウジアーロという人物までやって来る。彼はイタルデザインを創設するイタリアデザイン界の大物だが、そんなことは当時の私の知ったことではない。ジウジアーロはじめ重鎮が来るたびに、母親の機嫌が悪くなることの方が子供心には憂鬱だった。

さらに父がマツダの人間だったため、マツダという会社のアップダウンはわが家を容赦なく直撃した。私が小学生の頃、マツダはロータリーエンジンが絶好調で、父は「数年後には日本一になるぞ！」と豪語していた。近所の人たちも「お父さんマツダにお勤め？いいですねぇ」と言っていた。それがオイルショックを境に空気は一変。近所の人から「マツダ、大丈夫？」と心配されるようになり、父もマツダ車を自腹で買わなければいけない状況に陥ってしまう。それは余っている車を消化するためだったが、これが2年連続、同じ色、同じ車種のルーチェ。「新しい車、買って来たぞ」と言われて見に行ったところ何ひとつ変わりのない同じ車だったと知ったときの虚しさたるや……。

そんなこともあり私は父の仕事に背中を向け、将来は建築家になろうと考えた。丹下健三やアントニ・ガウディに憧れ、建築家になるための勉強に没頭した。

大学時代にモータースポーツにハマる

それが変わったのは、いつからだろう。大学で私は京都工芸繊維大学意匠工芸学科に進むのだが、そこで車にハマってしまう。正確に言えば、ハマったのはモータースポーツである。私は夜な夜な山道を走り回り、大学2年時には社会人たちのラリークラブに入って試合に出ることが生活の中心になっていた。学校にも行かずアルバイトに明け暮れ、稼いだお金はすべてガソリン代とタイヤ代につぎ込む日々。最初は普通のアパートに住んでいたが、卒業間近は家賃月5千円の風呂なしトイレ共同のボロアパートでパンの耳をかじりながら暮らしていた。

そこから、私の中で次第に「車に関係した仕事に就きたい……」という想いが湧きあがる。しかしそれでもマツダに入るという考えは一切なかった。父親と同じ道に進むというのはありえない。それはそう思い込もうとしていただけかもしれないが……。

大学卒業を前に私はとあるメーカーの面接を受け、合格した。そのままいけばそこに就職するはずだった。しかし……私は土壇場で翻意した。締切ギリギリでマツダ（当時はまだ東洋工業）の入社試験に申し込み、合格の通知を受け取っていた。

葛藤がなかったはずはない。私が入社したとき、父はまさしくデザイン部の部長。マツダの初代デザイン部長である。父子が同じ部署にいるのはよろしくないということで、最初は商品本部の企画部門に配属された。

そこからは横浜や、カリフォルニア、デトロイトなどの海外デザインスタジオ勤務を経て、第1章でも述べた本社勤務に至るのだが、こうして考えてみると私のDNAには父との関係性と、大学時代から今まで続くモータースポーツへの情熱という2つの要素が色濃く刻まれていることがわかる。

私は現在も10年来レースに参加しているが、モータースポーツは私から負けず嫌いな性格を引き出し、相手との駆け引きやスピードの快楽、スリリングな緊張感というものを経験させてくれた。相手を出し抜いたり、レース展開を読んで仕掛けたりする技術は、ブランド戦略において他社との競合をどのように制していくかという部分に多分に影響を与えている。

父との関係についてはみなさんの想像にお任せするしかない。マツダの初代デザイン部長の息子が、フォード傘下の時代を経て9年ぶりとなる日本人デザインチーフとなり、新たなるデザイン哲学を提唱する。私自身としては、マツダプロパーの人間として、マツダの未来のために、ただひたすらにマツダらしいデザインを追い求めてきたというだけである。

それを運命的と見るのかどうかはわからないが、私の中には10代の頃に目撃したオイルショックで苦しむマツダの姿、入社後に体験したフォードの統制下に置かれるマツダの姿、2つの暗い記憶が深々と刻まれていて、それがすべての行動の原動力になっている。

〝血〟というものを信じるのであれば、ここにもひとつのDNAの継承というのはあるのかもしれない。

第4章

組織論

［感動ほど人を動かすプロモーターはない］

車作りは大規模なチームプレイ

これまで魂動デザインが生まれた経緯に合わせて、私の中での「言葉論」「ブランド論」というものを書いてきた。

今更こんなことを言うまでもないが、魂動デザインというのは誰かひとりの手によってできたものではない。もし車の製作の一番上流——川で言うと最初に水が湧きだす水源のようなところ——にデザイン部が存在し、そのトップが変わったことですべてがうまく回りはじめたと考えている人がいるなら、それは明らかに間違いである。

車を1台作るのは並大抵のことではない。そこには何百という工程が存在し、いくつもの部署が関わり、何万といった数の人たちが関与している。ネジ1本まで数えると万単位のパーツがあり、それぞれの取引企業が日夜研究を続け、産業のすそ野ははてしなく広い。

つまり何が言いたいかというと、誰かひとりが「こうしよう」と言ったからといってパッとすべてが切り替わるほど物事は簡単ではないということである。車作りの全貌を俯瞰すれば、ひとりひとりのスタッフはあまりに小さな存在でしかなく、いくらその人物にずば抜けた才能があろうが高い役職に就いていようが、ひとりの力で山が動かせるわけではない。車作りは莫大な数のプレイヤー&マネージャーが関与する総力戦であり、いかにして巨大組織のパフォーマンスを上げていくかが勝負になる。多くの会社組織が分業と協業を基にした〝団体競技〟で動いているが、車作りはその中でもモンスター級に規模が大きいチームプレイなのである。

したがって、魂動デザインにおいても〝チーム〟という観点は欠かせない。魂動デザインはチームによって作り上げられたし、チームによって実際の車となって世に送り出されている。チームによって磨き上げられ、チームによって日々進化を遂げている。仮に魂動デザインが世界で評価されているとしたら、それはアウトプットに至るまでに携わった全スタッフが褒められるべきであり、マツダという組織全体のチームパフォーマンスが優れているということを表している。

この章ではデザイン部を筆頭に、会社という組織のチームパフォーマンスを高めるために私が何をやってきたかについて綴っていく。一部署の管理者である私がどんな想いで仲間と向き合い、ものづくりの現場を変えていったのか。それが組織にどのように波及し、どんな効果を上げていったのか——私なりの組織論になればと思っている。

成功体験の連続が重要

まずは身近なデザイン部の話からはじめよう。

私が本部長に就任した初年度の意識調査は最低、魂動デザインの発表とＳＨＩＮＡＲＩの評価でやや持ち直したものの、２年目も活性度は低いままだったというのは以前書いた。

それが変わったのはいつ頃だろうか。東京モーターショーでＴＡＫＥＲＩが評判を呼んだこと、発売されたアテンザが好調な売り上げを記録したこと……ひとつひとつの出来事が積み重なり、いつの間にか「われわれはこの方向で間違ってないんだ」という自信が醸成されていた。体感的には「気が付けば信頼感が生まれ、チームがひとつにまとまっていた」というのが一番近いかもしれない。

ではチームをまとめるために必要だったものは何か？　まず、何はなくとも成功体験である。プロの世界の常として結果を出せない者に人は付いていかない。逆に結果を出せば人は一目置くようになる。成功体験はチームに喜びと一体感をもたらし、その快楽はボンドとなってチームの結束を強めた上に、仕事に対するモチベーションも上げてくれる。

だが私に言わせれば、成功体験を一度共有するだけではとてもじゃないが十分とは言えない。なぜなら成功体験というのは二度三度と連続して生み出すことで加速度的に信頼感や熱狂度が上がっていくからだ。われわれで言えばＣＸ‐５、アテンザの成功で終わらず、賞の受賞やヒットが切れ目なく続いたこと。それがあったからこそデザイン本部の一体感は爆発的に上昇した。逆に言えばそういった〝連勝街道〟なくして組織に強烈なモメンタム（勢い）を植え付けることは不可能である。

別表に主な受賞歴をまとめたが、国内および海外からの評価というのはわれわれに大きな勇気を与えてくれた。評価がひとつ加わるたびに、マツダの車作りに携わることのプライドは満たされ、魂動デザインに対する信頼は揺るぎないものになっていく。それは２０１６年、ロードスターによる「ワールド・カー・オブ・ザ・イヤー」「ワールド・カー・デザイン・オブ・ザ・イヤー」のダブル受賞でひとつのピークを迎えるが、この途切れることのない連続性はチーム強化の最大のカギであった。

とにかく大事なのは繰り返すことだ。繰り返し繰り返しメンバーに理念を語り、それをブレることなくアウトプットで表現し、出した車が市場で評価される――そのサイクルをしつこいくらい繰り返す。何度も愚直になぞり続ける。「継続は力なり」とはよく言うが、「成功体験の継続はケタ違いの力になる」のである。

だからもしも単発の成功で満足している方がいれば、それはもったいないと言わざるをえない。ひとつの成功が生まれたときは二の矢三の矢を放つ好機であり、組織をダイナミックに飛翔させる千載一遇のチャンスである。成功を過去の決算ではなく未来へのステップボードと捉えることができれば、その先の視界というのは大きく開けてくるはずだ。

	CX-5
	CX-5
	アテンザ
	アテンザ
	アテンザ
	アクセラ
	アクセラ
	デミオ
	デミオ
	ロードスター
	マツダデザインチーム
	ロードスター
	RX-VISION
	ロードスター
	ロードスター
	CX-3
	CX-3
	CX-9
	CX-9
	ロードスターRF
	VISION COUPE
	CX-5

魂動デザイン以降の主な受賞歴

2012年	2012-2013日本カー・オブ・ザ・イヤー
2013年	ワールド・カー・オブ・ザ・イヤー　トップ10ファイナリスト
	ワールド・カー・オブ・ザ・イヤー　トップ10ファイナリスト
	ワールド・カー・デザイン・オブ・ザ・イヤー　トップ3ファイナリスト
	2013-2014日本カー・オブ・ザ・イヤー　エモーショナル部門賞
2014年	ワールド・カー・オブ・ザ・イヤー　トップ10ファイナリスト
	ワールド・カー・デザイン・オブ・ザ・イヤー　トップ3ファイナリスト
	2014-2015日本カー・オブ・ザ・イヤー
2015年	ワールド・カー・オブ・ザ・イヤー　トップ10ファイナリスト
	2015-2016日本カー・オブ・ザ・イヤー
	オートモティブ・ブランド・コンテスト　チーム・オブ・ザ・イヤー
	レッド・ドット：プロダクトデザイン2015　ベスト・オブ・ザ・ベスト
2016年	モスト・ビューティフル・コンセプトカー・オブ・ザ・イヤー
	ワールド・カー・オブ・ザ・イヤー
	ワールド・カー・デザイン・オブ・ザ・イヤー
	ワールド・カー・オブ・ザ・イヤー　トップ10ファイナリスト
	ワールド・カー・デザイン・オブ・ザ・イヤー　トップ3ファイナリスト
2017年	ワールド・カー・オブ・ザ・イヤー　トップ10ファイナリスト
	ワールド・カー・デザイン・オブ・ザ・イヤー　トップ5ファイナリスト
	レッド・ドット：ベスト・オブ・ザ・ベスト賞
2018年	モスト・ビューティフル・コンセプトカー・オブ・ザ・イヤー
	ワールド・カー・オブ・ザ・イヤー　トップ3ファイナリスト

感動は最強の動機づけ

車はデザイナーだけで作るものではない。いくら「デザイン的にこうしたい」と思ってもその内部にエンジンやトランスミッションをどう配置するか、設計や性能開発部門との調整が不可欠だし、ではそれらの部門と話がついて「こういうデザインで行こう」と決まったとして、今度はいかに精度を保ってそれを量産できるか、生産サイドとのやりとりが必要になる。

これまでマツダは部署同士が対立関係になっている状態が多かった。デザイン部が「こういうカタチにしたい」と提案しても、設計や性能開発部門が「それは要件を満たさないので無理だ」と反対したり、あるいは生産サイドが「こんなカタチは量産できない」と難色を示したり。「デザインvs設計・開発」「デザインvs生産」というのが常態になっていて、どの部署も責任を背負うことを避け、リスクのある案件から逃れようとする傾向にあった。

いくらデザインがよくなったとしても、組織がこんな状態ではいい車など作れるわけがない――そんな葛藤を抱えていた私は各部署のメンバーを一堂に集めて「デザイン戦略カスケード」というプレゼンテーションを行うことにした。

デザイン戦略カスケードとはデザイン部が主催するミーティングで、そこには車両設計や生産の人間など車作りに関わる全部署の人材を呼ぶ。そして各車種を担当するデザイナーやクレイモデラー、デジタルモデラーたちがどういう想いでこの車を作っているのか、現物を見せながら自らの言葉で説明するという機会を設けたのだ。

一回目は2015年、アテンザのデザイン修正を行う際、SHINARIをエンジニア全員に見せて、デザイン部がどのような想いでデザインの変更を行おうとしているのか訴えた。各車種の担当者がデザインの意図や想いを語るミーティングは、デザイン部内においては早い段階からはじめていたが、私はそれを部外にまで拡げたのである。このデザイン戦略カスケードはその後定例化され、われわれデザイン部の想いを社内スタッフに伝え、マツダデザインの将来像について語り、夢を共有する場として今に至っている。もちろんそこでは私自身が話をする機会も数多くある。

言うまでもなく、チームでのものづくりに必要なのはメンバー全員がひとつのイメージを持ち、気持ちもひとつにまとまっていることである。マツダはこれまで各部署がバラバラに動いていたため、同じ車を作っているのに同じイメージと同じ熱意を共有しにくいところがあった。それをデザインの当事者が胸襟を開いて話すことにより、チーム全体に同じ情熱、同じ夢を波及できないかと考えたのである。

そのプレゼンテーションの際、工夫したことがひとつある。

それはわれわれがデザインしたニューモデルを紹介するとき、たとえ社内の人間相手であってもお披露目の除幕式を行うということである。デザイン部の人間には社内向けのミーティングでも見せ方の部分で決して手を抜いてはいけないと言い聞かせた。だから彼らは新作モデルを紹介する前にはきちんとムービーを流し、制作意図を説明し、見る者の期待を高めた上でアンベールする。社内の同僚相手にそこまでする必要があるのか？　大げさではないか？　そう思う人もいるかもしれないが私の意図は別のところにある。

私は人を動かすための一番強力な手段は、その人を感動させることだと考える。まずは自分が感動した上で、仲間にも同じ感動を味わってもらう。頭で理解させるより心を動かした方がメッセージのインパクトははるかに強くなるし、長く記憶に留まり続ける。私は感動ほど人を動かすプロモーター（促進剤）はないし、すべての人を結ぶ力学は理屈ではなく感動だと思うのだ。

スタッフに意気に感じてもらう工夫

だから感動を生み出す機会に手を抜くことは許されない。きちんとプレゼンテーションをして緊張感を高めた上でアンベールすることで、そこには感動が生まれる。その瞬間は、自分が車両設計の人間だとか生産側の人間だとか、そんなことはどうでもよくなる。目の前のカタチに心動かされることで職人魂が頭をもたげ、「自分でもこれを作ってみたい！」という感情が自然に内から湧いてくる。つまりちゃんと感動を共有できれば、こちらが何も言わなくても彼らは勝手に動き出すのだ。

そうなれば、仕事の中身は以前と大きく変わってくる。

たとえばこれまで生産部門は、デザイナーからデータがメールで送られてきて、それを機械的に鋳型に落とし込むという作業が普通だった。そこにあるのはデータのやりとりと「この図面通りにお願いします」という指示だけ。そこには感動もなければ交流もない。彼らはあくまでも仕事として、淡々と、粛々と作業していただけなのだ。

しかしデザイナー本人から直接話を聞き、さらにアンベール体験を共有することで、そこには感情移入が発生する。みんなで「おー、カッコいいね！」と盛り上がり、感動を共にしたことで、新しいモデルは〝自分も作ってみたい車〟〝自分の車〟へと変貌する。

マツダの場合、工場に勤務する生産部門の人たちは非常に純粋な心根の人が多い。職人気質というのだろうか、一見クールに見えても一度やる気に火が点くとことんまでやる。そしてビジネスライクな判断よりも感情的な盛り上がりの方を優先させる。

そんな彼らにまだどこにも発表していないトップシークレットの新モデルを開示すると、彼らは非常に意気に感じてくれる。誰も知らない会社の極秘情報を開陳するというのは、相手を信用しているなによりの証だ。さらに早い段階から情報を共有することで、「一緒に作っている」という感覚は一層強くなる。つまり感動を共有し、情報を共有することで、彼らは対立する部署の人間から、一緒に車を作っている仲間、同志に変わるのである。

私はデザイン本部の仕事として、社内向けにデザインの志や戦略を伝えることを積極的に行っていった。すべての社員が年に2回は参加できるようローテーションを組んで、しつこくしつこくやり続けた。先程、「成功は二度三度と続けることが大事」と書いたが、私の中でくどいくらいに繰り返すというのは重要なファクターである。デザイン戦略カスケードも繰り返し行ってきたせいで、今やデザイン部内の連中も工場の連中もみんな私と同じことが話せるようになっている。それはメンバー全員に等しく魂動デザインが浸透したということを表している。

今、生産部門の人間たちは誰も「自分たちは部品を作っている」とは思っていない。みんな「自分たちは車を作っている」と思っているし、最近は向こうから「削りはこの程度でいいんですか？」「もっと精度を上げた方がいいんじゃないですか？」などと積極的に提案してくれる。

もともとは、彼らの中に眠っていたやる気やモチベーションを引き出すためのデザイン戦略カスケードだったが、やってみると想像以上のポテンシャルの高さに驚かされるとともに、マツダという会社の底力を思い知らされる結果となった。

個々の能力を最大化するには？

私がこうした行動に出た背景には、以前から社内のスタッフに対して「もっとできるはずだろう！」という想いを強く感じていたせいもある。

この会社にはたくさんの優れた才能があるのに、はたしてそれが健全に発揮されているのかと考えたとき、私には「こんなものじゃない」と思えたのだ。「私の知ってる技術者たちの実力は、こんなものじゃない」「私の感じているマツダのポテンシャルは、こんなものじゃない」と。

そこから私は、個人の発揮する能力を最大化するにはどうしたらいいか考えはじめた。チームパフォーマンスを向上させるためには、まず個人のパフォーマンスを引き上げなければいけない。私たちが取り組んでいるフォルムを生み出すという領域では、誰がどんな手段を使っても最終的に〝素晴らしいカタチ〟が作れれば何の問題もない。だとしたら表現の手法、使用するツール、社内のヒエラルキーなど余計なルールは不要なのではないか？　それらをなるべく排除することで、純粋に新たなカタチを生み出せる環境が作れるのではないか？

――そんなふうに考えたのだ。

具体的に私がそう思うようになったきっかけは、インハウスのクレイモデラーの実力をもっと引き出せないかと考えたことからである。マツダは昔から造形に力のある会社で、世界トップレベルの技能を持つクレイモデラーを何人も有していた。しかし彼らがその実力をいかんなく発揮できているかと言えば、疑問が残るというのが現状だった。

というのも、これまでクレイモデラーはデザイナーから指示を受けて作業することが多かったのだ。これはマツダ以外でも同じだが、クレイモデラーはデザイナーが描いたデザイン画を、クレイを使って〝再現〟するのが仕事だと思われているところがある。デザインを考えるのはデザイナーの仕事で、モデラーはデザイナーが考えたイメージを具現化するのが仕事。デザイナーの指示通りに動き、原画に忠実なカタチを作れる人こそ優秀なモデラーであると思われているフシがあった。

しかし私はそこに疑問を持っていた。そういった固定されたヒエラルキーの下では、最終的なアウトプットはデザイナーが描いたイメージ以上のものに絶対ならない。あくまで〝再現〟に主眼が置かれているわけで、うまくいって同レベルをキープ、ほとんどの場合はどんどん劣化が進んでいき、最終形に辿り着いたときには当初の輝きがまったく消えてしまっているというのが実態だった。

私にはその状態はチームがうまく機能しているように思えなかったし、ひどくはがゆく感じられた。優れた能力を持つ人間はいるのに、システムや役割分担が彼らの活躍を阻害している。「人を動かす最大のプロモーターは感動だ」という言説とも重なるが、私の中心はいつだって人である。人を活性化し、人を高めることで、チームがハイパフォーマンスを発揮することを狙っている。

では彼らの能力を最大限に引き出すにはどうしたらいいだろう？　デザイナーやモデラーが互いに刺激し合うような状況を作れれば、われわれの想像をはるかに超えるアウトプットが生まれる可能性があるのではないか……?

そこで彼らに言ったのは「好きに作ってみろ」ということだった。「デザイナーはデザイナーで好きに絵を描け。モデラーはモデラーで好きにカタチを作れ。誰の指示も受けず自分の思い通りに作ってみろ」と。まずはひとりひとりのクリエイティビティを認め、それを引き出してみようと思ったのだ。

そうすると次第に面白いモデルが生まれはじめた。特に変わったのはモデラーの意識で、彼らは自発的にオブジェのようなものを作りはじめた。その代表例が魂動デザインの原点となった〝ご神体〟である。

言葉論のところでは私が指示を出してご神体を作らせたようなことを書いたが、本当のことを言えば私はそれを作ってくれとは一言も言っていない。魂動デザインのイメージについてああだこうだと話しているうちに、「じゃあ、それをカタチにしたらこんな感じですか?」とモデラー自らが作ってきてくれたのだ。それを何度かブラッシュアップしていくうちに今のカタチに辿り着いたのだが、あれはモデラーが自分の意志で生み出したものに他ならない。つまりご神体は魂動デザインの結晶であるとともに、マツダのクレイモデラーが秘めていたクリエイティビティの発現でもあったのだ。

職人たちに正当な評価を

意識改革と同時に取り組んだのは、彼らの待遇の改善である。

天才的な感覚を持つモデラー、誰にも負けない技術を持つ職人……これまでそういったタイプの社員の職位は高くはなかった。主任にもなれず、中には一生平社員で終わる者もいた。私にはそれがどうしても納得いかなかった。確かに彼らはマネジメント能力に長けているわけではない。しかし、ブランドに対する貢献度ということを考えれば彼らほど重要な人たちはいないし、個人が出したアウトプットに対して正当な対価を払うというのが健全な会社ではないだろうか。

そう思っていた矢先、人事に関する会議の席で数人から同じような声が上がった。デザイナーや技術者の中に飛び抜けて優れた技能を持ちながら、きちんとした処遇がなされていない人がいる。彼らは会社の宝ではないのか、と。

これまでマツダ社内には昇進試験というものがあって、面接や論文などをクリアしなければ上位職種に上がれないというルールがあった。一芸に秀でた職人たちの多くは面接や論文といった試験が苦手である。それゆえ彼らにとって昇進の道は最初から閉ざされているようなものだったが、私たちはそこにもうひとつの道を付けられないかと提案した。マネジメントはマネジメントでしっかりプロを養成するとして、もう一方で優れた技能を持つ人間がきちんと評価されるシステムがなければダメだろうと強く主張したのだ。

人事査定を変えるというのは、会社としての価値基準を改めるということである。われわれは何に重きを置いているのか。どんな人物が評価の対象となるのか。それゆえ改革には時間がかかったが、結果的に今マツダでは幾人かの優れた技能を持つスタッフに「匠モデラー」という称号が与えられるようになっている。「匠モデラー」とは社内的なグレードにおいて部長、幹部社員に匹敵する肩書である。

これによって社内の雰囲気はガラリと変わった。面接や論文が不得手でも、自分の技能を磨いていけば出世の道が開かれるのだ。それは彼らのキャリア形成に大きな影響を与えるとともに、職人であることの誇りも取り戻させた。「匠モデラー」のような評価基準ができたということは、「マツダはものづくりに真剣に取り組む者を評価する。手作業の重要性を強く認める」という号令が出されたようなものである。彼らの中で責任感が増し、仕事に対するモチベーションが上がった。今や彼らは胸を張り、自信に満ちた表情で「前田さん、ここはこうじゃないの？」と提案してくれる存在になっている。

さらに人事査定の変更は若手社員のマインドにも変化を及ぼした。「匠モデラー」の誕生により、彼らの中に「自分も技能を磨いていけば、あの人たちのようになれるんだ」という具体的なターゲットが生まれたのだ。若者にとって身近に「こうなりたい」と思えるロールモデルがいるというのは幸福な状況である。マツダは今、〝ゆるやかな徒弟制度〟と呼べるような関係性の下、ものづくりに集中できる環境が着々と整備されつつある。

〝変態〟は至上の誉め言葉

デザインだけに限らず、マツダのものづくり全体が活気づいて見えるのは、これまで書いたような改革が少しずつ実を結んできたということなのだろう。

今、デザイン部内では、新たなテーマ発見のためならどんなことをやってもいいという風土が定着してきている。これまでは「与えられた業務をこなすこと＝仕事」だという考え方が通常だった。勤務時間中に自分の好きなことをやっていると「遊んでいる」と責められるのが普通だった。しかし今、デザイン部のスタッフは仕事中も自分のクリエイションに励んでいいし、それを奨励しているところがある。年に一度、各自が自由に制作した作品を発表し、優秀なものは表彰するというイベントまで開催している。

「とにかく全員アーティスト」

私が口を酸っぱくしてみんなに言っているのは、これである。デザイナーはもちろんそうだ。彼らにはサラリーマンでもオペレーターでも上司でも部下でもなく、常に「自分がものを作るんだ」という気概を持って仕事に向かってほしい。そこには誰かに何かをやらされるのではなく、自分の意志、自分の感性で仕事を切り拓いてほしいという想いがある。

私は「Car As Art（車はアート）」という表現も好んで使うが、それも同じ意味である。私はすべてのスタッフに「自分はアーティストである」という誇りと志を持って仕事に臨んでほしいのだ。

面白いエピソードがひとつある。

ある日、生産部門の金型を作るチームからご神体モデルを再現したいというオファーをもらった。彼らにクレイで作られたご神体モデルを一体渡すと、数日後ご神体を金型で再現したモデルを持ってきてくれた。私はその努力に感激したし、ソリッドな金属の塊はずっしりとした質感を放っていた。しかし私は彼らにダメ出しをした。これはデータ的には再現されているかもしれないが、クレイモデラーがこのカタチを作ったときの手の動きや力の入れ具合までは再現されていない。コンマ数ミリとか光の反射の方向性の違い程度かもしれないが、魂動デザインのクオリティには達していない、と。

せっかく自主的にモデルを作ってきたのに、そこまで不具合を指摘されると腹が立つのが普通だろう。しかし彼らはそこから奮起した。クレイモデラーのところに行き、実際にクレイを削る体験をした。そして、そこで学んだ手の動きを金型の削りに反映させた新たなモデルを作り、再度私のところに持ってきたのだ。

私は、そんな彼らに「君たち、変態だな」と声をかけた。彼らもそれを聞いて笑っていた。ダメ出しされても怒るどころか、高いハードルを示されると逆に気持ちが燃え上がる。そしてそれを実現するためにはどんな苦労もいとわない。

マツダ社内において〝変態〟というのは誉め言葉である。少なくとも私がそれを口にするときは最大級の賛辞を贈っていると思ってもらって構わない。

われわれの最新ビジョンモデル・VISION COUPEには、これまでより数段上の繊細な表現を盛り込んでいる。なんといっても面で起こる反射を操り、光の質感をコントロールしようとしているのだ。そのためには、コンマ数ミリで表情が変わっていく繊細なフォルムが必要となる。これを量産するためには世界トップクラスの金型技術が不可欠だ。彼らは「次、あれが来るのか……」と口では悲鳴を上げているが、その目はキラキラと光っている。「こりゃあ、えらいこっちゃで」と言いつつも、どこか非常に楽しそうである。

こうした職人が多くいる会社はものづくりをする上で幸せだと思う。

他業界とのコラボレーション

私の仕事はまだ終わらない。常にチームが活性化するよう新たなテーマを投げ掛けたり、新たな刺激を与えるのも上に立つ者の役割である。「全員がアーティスト」「Ｃａｒ Ａｓ Ａｒｔ」といったメッセージをより深く浸透させていくためにはどんなアクションが有効なのか？

Bike by KODO concept

そのひとつとして取り組んでいるのが、車以外のものをデザインしてみるという試みである。われわれマツダデザイン部は２０１５年、魂動デザインの哲学に沿って自転車「Ｂｉｋｅ ｂｙ ＫＯＤＯ ｃｏｎｃｅｐｔ」とソファ「Ｓｏｆａ ｂｙ ＫＯＤＯ ｃｏｎｃｅｐｔ」を制作。ミラノで開催された「ミラノデザインウィーク２０１５」内で行われるイベント「Ｍ azda Design クルマはアート」に出展した。前者はロードスターのスタイリングを想起させるトラックレーサーで、後者はCX‐3を彷彿とさせる造形をソファに仕立ててみたものだが、普段と違うアウトプットに挑戦することはメンバーたちを奮い立たせ、チームはおおいに盛り上がった。

Sofa by KODO concept

広い枠組みで考えるなら「車と同じ〝道具〟を作ってみよう」ということである。魂動デザインの根幹にあるのは「道具に命を与える」という思想だが、道具ということを考えれば世の中には車以外にもたくさんのものが存在する。そして車以外を手掛けることによって学べることは実に多い。たとえば自転車やソファにはそれぞれの機能があり、その機能性を守りながら生命感を付与していくにはどうすればいいか、われわれは頭を悩ませる。そこで見つけた新たな表現方法は、本業である車のデザインにも当然フィードバックされていく。

この魂動デザインのコンセプトを車以外に拡げていく実

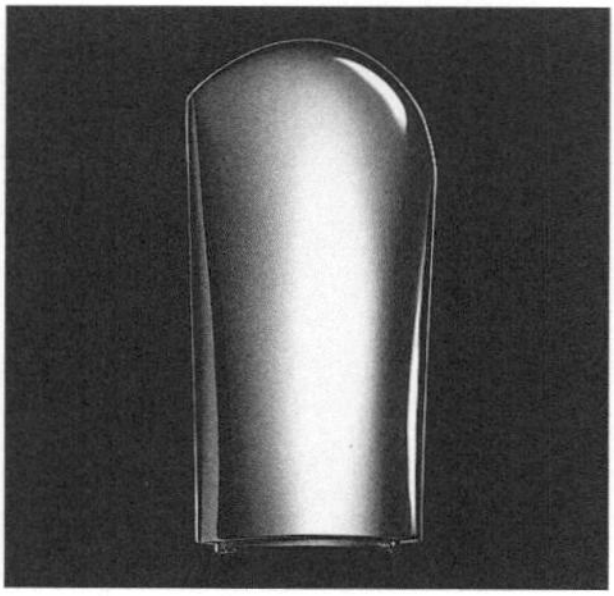

資生堂と開発したフレグランス
「SOUL of MOTION」

験は常時行われており、２０１７年には資生堂とタッグを組んで「ＳＯＵＬ ｏｆ ＭＯＴＩＯＮ」というフレグランスを発売した。これは資生堂とマツダのクリエイターが共同で企画を練り、魂動デザインの世界観を香りとパッケージデザインで表現するというものである。かつてないコラボレーションが生んだ作品は高く評価され、ドイツのデザイン賞である「ｉＦデザインアワード２０１７（パッケージ部門）」の金賞を受賞した。

　この企画では、資生堂のデザインチームと志を共にし、同じ高みを目指せたことが財産となった。１４０年以上の歴史を誇る資生堂ブランドが何を大切にし、どうやってここまで伝統を築いてきたのか。彼らとの交流は今もまだ続いている。

　コラボレーションという意味では、日本の伝統工芸作家とも積極的に交流を進めている。新潟県燕市を拠点に２００年以上にわたって無形文化財・鎚起銅器（一枚の銅板を金づちで打ち起こして作った銅器）を作り続けてきた「玉川堂」、そして高盛絵と呼ばれる伝統技法を１７０年以上守り続けている漆芸家「七代金城一国斎」――彼らが魂動デザインの思想に共鳴して作り上げた「魂銅器《こどうき》」、そして卵殻彫漆箱「白糸《しらいと》」という作品もミラノのイベントに展示され、喝采をもって受け入れられた。

これらのコラボレーションで重要なのは、有名作家に作品を作ってもらったということではなく、一緒に作業を進めていく過程で、社内のメンバーがいかに刺激を受け、学びを得たかということである。玉川堂には板金担当のスタッフを派遣し、実際に金づちで銅板を叩くという体験をさせてもらった。こうした実践が彼らの感性とものづくりの姿勢にどのような影響を与え、今後どんなクリエイションを生み出すのか——種をまいた私としては、ただ楽しみに待つだけである。

玉川堂「魂銅器」

七代金城一国斎「白糸」

これまでで一番嬉しかった賞

実は昔からマツダには〝共創〟という文化があった。

部門の垣根を超えて一体となってものづくりに励むこと。一台の車のためにすべてのスタッフが結集し、互いに協力し合うこと。「ONE MAZDA」を旗印にチームワークで戦う姿は、創業当時から続くマツダの伝統だったのだ。

組織論的な見方をすれば、魂動デザインのひとつの功績はこの〝共創〟の姿勢を今の時代によみがえらせたことだろう。各部署のセグメント化が進み、それぞれが〝共創〟ではなく〝競争〟になっていた組織間の対立を取り払い、互いへの信頼と協調を取り戻すこと。魂動デザインは一見するとデザイン上のイノベーションのように見えるかもしれないが、本質はそれだけに留まらない。多くの人を巻き込み、他の部署と交わり、組織として大きなうねりが起こらなければ、ここまでのムーブメントには育たない。人がひとりでできることなどたかが知れたものなのだ。

したがって大事なのは、チーム全体のパフォーマンスをいかにして上げていくかということになる。優秀なスタッフの能力が最大化される職場環境を作り、アウトプットの方向性をきちんと示してやること。彼らのモチベーションが枯れぬようさらなる高みを見せ、定期的に刺激を与えていくこと——リーダーの仕事とはそのようなものになる。

本章の冒頭で魂動デザイン以降の受賞歴を並べたが、もしも私が「これまでもらった賞の中でもっとも嬉しかったものは何ですか?」と質問されたら、答えはすでに決まっている。

それは、ロードスターの「ワールド・カー・オブ・ザ・イヤー」「ワールド・カー・デザイン・オブ・ザ・イヤー」ダブル受賞ではない。RX‐VISONやVISION COUPEの「モスト・ビューティフル・コンセプトカー・オブ・ザ・イヤー」受賞でもない。もちろんそれらも最高に嬉しかったが――。

私がなによりも嬉しかったのは2015年、ドイツデザイン評議会が主催する自動車デザイン賞「オートモティブ・ブランド・コンテスト」の中で、マツダのグローバルデザイン部門が「チーム・オブ・ザ・イヤー」という賞を受賞したときである。

ドイツデザイン評議会は魂動デザインについてこう評している。

「他社のデザイン戦略とは異なり、マツダのデザインテーマ『魂動』は、デザイン言語を規定しておらず、それゆえに、マツダのデザインチームでは期待を上回るデザイン提案が常に奨励されている。このことが、マツダの現行ラインアップのクルマが、いきいきとした動きを表現しながら、それぞれの個性を際立たせる要因となっている」

大事なのは常にチームなのだ。この年、マツダのデザイン部門はチームとして世界一になった。世にあまたあるデザインチームの中でどこよりも優秀なユニットだと評価された――おそらく私の人生において、これ以上嬉しいことはこれから先もないだろう。私にとって

「チーム・オブ・ザ・イヤー」という称号は自分の追い求めてきた理想形にもっとも近いものなのだ。

自分が褒められるより、チームが褒められる方が断然嬉しい――もしかしてリーダーに一番必要なのはそういう資質なのかもしれない。

魂動デザインを〝共創〟する仲間たち

プレス

河野雄志　車体技術部　プレス技術グループ

難しい要求に喰らいついていく動機

われわれは工場で鋼板を切断し、型に合わせてプレスを行い、車体やドアなど車のボディを構成するさまざまなパーツを作っていくのが仕事です。高品質な車をお客様に届けるため、量産においてどういう加工工程を組むか、どんなプレス金型を作るか、そういったものを日夜追求しています。

前田がデザイン本部長になる前は今より仕事に対する要求は低かったかもしれません。当時会社が追い求めていたのはＱＣＤ（ＱＵＡＬＩＴＹ、ＣＯＳＴ、ＤＥＬＩＶＥＲＹ）、つまり「安定した品質のものを、超低コストで、短期で」生産するというもの。そこにデザイン性は含まれていませんでした。だからわれわれはデザイン部から送られてくるデザインをコストと安全生産重視のフィルターにかけ、どれくらい安く、速く、不良品を出さずに作れるかということのみに関心を持っていました。収益性や生産性を上げるために、結果的にデザインを崩すということも当時は普通にやっていました。

それが変わったのは、やはりＳＨＩＮＡＲＩを見てからです。ＳＨＩＮＡＲＩを見た瞬間、純粋に「これを作ってみたい」と思ったんです。「このコンセプトモデルのままを作りたい」と。私はマツダに入社して以来いろんなクレイモデルを見てきましたが、ここまで心を動かされたモデルはありませんでした。今でも単純に、すべてのモデルの中でＳＨＩＮＡＲＩが一番カッコいいと思います。

そこから業務の難易度は格段に上がりました。魂動デザインになって既存のやり方では作れないカタチというのが次々と出てきたんです。これまでは「そんなのできないよ」と突っぱねていましたが、ＳＨＩＮＡＲＩ以降はみんなが「これを作りたい、これを世に出したい」という想いがあるため、なんとかそれを実現しようと努力するようになりました。噂によると、あるデザイナーは「車体技術部が簡単に作れるようなデザインをやっているうちは優れたデザインにはならない」と言っていたとも聞きますが、こちらに要求されるレベルがどんどん上がっていき、こちらもなんとかそれに喰らいついていき、互いに切磋琢磨しながら高め合っていくような環境が生まれました。

本来なら「魂動デザインの進化はプレス部門がリードしてきた」と言いたいところですが現実はその逆で、あのデザインを再現するために私たちの技術力が引き上げられたというのが真実です。仕事はこれまでより相当大変になりましたが、車が市場に出たときの評価が高く、そういう達成感もあってみんな頑張れています。今はとてもいい循環ですべてが回っている状況です。

今の会社には力強さがある

ただ、車体技術部の立場から言わせてもらうと、これまでマツダはコストを追い求めてきた歴史があるからこそ、今、魂動デザインに挑戦できているということを忘れてはならないと思います。マツダはSKYACTIV TECHNOLOGYの開発や魂動デザインの展開と併せて、全社一体となってものづくり改革を進めてきました。それは車の作り方をイチから見直す活動で、中でも徹底的なコスト削減に取り組みました。〝絶対原価〟という言葉を掲げ、部品ひとつ作るのに本当に必要な工数、材料費をはじき出していったのです。だから魂動デザインに向かう際も「いかにコストを上げずに品質を上げられるか」という視点で臨んでいるし、壮大なチャレンジを受け止められる足腰の強さが身についている。生産サイドの地道な努力があったからこそ、魂動デザインが実現したというところもあるのです。

会社の状態は、私が勤務してきた中で今が一番いいと断言できます。マツダは浮き沈みの激しい会社でした。これまでいい時期もありましたが、それは為替などの外部環境のおかげだったり、一発屋のようなヒットが要因でした。だけど今は会社に力強さを感じます。評価される車がこれだけ続くということは、われわれにも多少は実力がついてきたんじゃないでしょうか。

また、工場内でも他部署とのコミュニケーションがスムーズになりました。われわれが金型の部署に行って「金型を直してください」と言っても、いい車を作りたいという目的が共有できているので話が早いんです。それも前田たちがデザイン戦略カスケードに呼んで、デザインの話を聞かせてくれたから。技術本部は全部で1800人近くいるんですが、彼ら全員を10回くらいに分けて前田が直接話をしてくれたんです。それは気持ちもひとつになりますよ。

今われわれプレス部門は、デザイン部、そして研究機関と組んで「美しい曲面作りとは何か?」という独自の研究を進めています。目標は金型部門が作った鉄の削り出しのご神体をなんとかプレスで再現できないかということ。あのチーターを模したご神体がプレスで作れるようになればすごいのですが……まあ、自動車メーカーのプレス部門のゴールがそれでいいのかと問われると、ちょっとわからなくなりますね（笑）。

金型

安楽健次

ツーリング製作部

魂動以前はただの〝型屋〟だった

われわれはクルマのボディを構成するプレス部品の金型（部品が凸型なら凹型のもの）を作る部署です。デザインを量産するための基盤となる型を作るところなので、車作りにおいて重要な役割を担っていると言えます。

ただ、魂動デザイン以前はデザイン本部との接点はほとんどありませんでした。車を作っているデザイナーの名前も知らないし、話したこともない。われわれは送られてくるＣＡＤデータやデザインデータ通りの金型をいかに速く、安く作るかばかりを考え、デザインに込められたデザイナーの想いまでは意識していませんでした。極端な話、われわれは〝クルマ屋〟ではなく〝型屋〟だったんです。

それが変わったのはロードスターでのご神体制作から。デザイン戦略カスケードで初めてデザイナーの話を聞いて、「デザインひとつにそんなにこだわっていたのか！」と感動したんです。それと同時に「うちの部署はブランド価値経営のためどんな貢献ができるんだろう？　魂動デザインのこだわりを再現できているのだろうか？」という話になって。「じゃあ、デザイン部が作っていたクレイモデルのご神体をうちでも作ってみようや」というアイデアが出てきたんです。そこからわれわれの金型製作技術でご神体を再現してみる試みがはじまりました。

でもそれが大変だったんです。最初に作ったご神体は自分たちなりに形にして、自信満々で前田に持っていったんですが、「生命感が出てない。張りや面のつながりも再現できてない」と散々に言われて。だけど話はそこで終わりませんでした。そこからデザイン部の人たちがわざわざ工場に足を運んで、「ここの面の流れが……」とか「ここの面の張りがそぎ落ちてるよね」と、魂動デザインのこだわりをひとつひとつ丁寧にレクチャーしてくれたんです。現場の人間は総出で張り付いて、議論を交わしていましたね。

そのときデザイン本部の方々にも砥石を使って鉄を磨いてもらい、クレイと鉄の違いを感じてもらいました。その後、今度はうちの職人がデザインの方にお邪魔して、クレイを削らせてもらったりもして。

そうやって互いの仕事について理解を深めていく中で、金型の磨き方自体を変えなけりゃダメだろうという結論に至ったんです。クレイモデラーが面の流れに沿ってクレイを削っているのだから、金型の磨きもそれを踏襲しないと生命感は表現できないんじゃないかということになって。今はクレイモデラーと同じように面の流れに沿って金型を加工し、面の流れや張りを崩さない磨きを実践しています。われわれはそれを「魂動削り」「魂動磨き」と呼んでいます。

われわれ自身が魂動デザインの一番のファン

どうしてここまで工場内の意識が変わったのか？　それはわれわれ自身が魂動デザインに共感できたところが大きいと思います。SHINARIにはじまって、デザイン戦略カスケードで「次はこういう車を出そうと思います」と見せられるたびに「カッコいい！」と感じられる。みんなが「このデザインをこのままの姿でお客様にお届けしたい」と思うんです。

コンセプトモデルと違い、市販モデルは生産性などの問題からどうしてもデザインが崩れてしまいがちです。だけどオリジナルのピュアなデザインを見たとき、「このままで出したい」「われわれ生産側の事情でこのカタチを崩したくない」と思ってしまうんです。われわれ自身が魂動デザインの一番のファンだからこそ、魂動デザインの実現に強い想いを持って頑張れるのでしょう。

今は魂動デザインを再現する技能者を工場内で養成する試みもはじまっています。「匠モデラー」という名称で中級、準上級、上級と上がっていくんですけど、この制度を設定したことでスタッフのモチベーションはさらに上がったように感じます。

前田はどういう人か？　魂動デザインの本質を作り上げたのは前田ですけど、まわりのデザイナーやクレイモデラーの理解や協力なしでは魂動デザインは生まれなかったと思うんです。ある意味、前田は自分の想いを伝えながら周囲をリードしていく存在というか。「おまえらもちゃんと考えろよ」とチャレンジさせつつ、「いいものはいい、悪いものは悪い」としっかりジャッジを下し、いつの間にか自分の目指すゾーンに引き込んでいる。はっきり答えを明示するのではなく、ぼんやりとした方向性を示した上で、明確なゴールはまわりのスタッフと一緒に作っていく……そう考えると、われわれは前田の策略にまんまと乗せられているのかもしれませんね（笑）。

金型

大塚宏明

生産企画部

現場が自発的に新しい道具を開発

今やデザイン部との交流は当たり前になっていて、少しでも疑問があったら気軽に連絡をとり合える関係を築けています。不明な部分を尋ねるとチーフデザイナーが工場まで駆けつけて、「大丈夫？」と確認してくれたり。それで現場の人間は安心して作業を続けられるという感じです。

ご神体制作をきっかけに新しい道具が開発されたり新しいプロセスが生まれたり、技術はずいぶん向上しました。その一例が新しい砥石の開発。これまでは13ミクロン単位で削れるものを使ってましたが、「それでは微妙な面の抑揚が表現できない。粗すぎる」ということであえて5ミクロンしか削れない砥石を開発したのです。さらに研削時に車体に傷をつけてしまう恐れのある鉄粉を挟み込まないようバージョンアップさせました。これらは魂動デザインを実現したいという強い想いから、現場のメンバー自らが考え、行動した結果生まれたものです。

カラーデザイン

岡本圭一

デザイン本部　クリエーティブデザインエキスパート

「赤」を進化させ、「質感」をデザイン

マツダは2012年に発売したアテンザからソウルレッドプレミアムメタリックという新色を発表しました。もともと魂動デザインを立ち上げるにあたって、「マツダのデザインを象徴する色を持ちたいよね」という話はしていたんです。その際、前田から言われたのが「カラーも造形の一部である」ということ。魂動デザインはダイナミックで繊細な面の表現を追求するけれど、それを色でも表現しなければダメだ。色とカタチは表裏一体で開発していかなければいけない、と。まずその言葉がわれわれの基本思想になりました。

魂動デザイン独自のカラーとしては、ソウルレッドプレミアムメタリック、マシーングレープレミアムメタリック、そして2016年、CX-5のモデルチェンジに合わせてソウルレッドクリスタルメタリックを発表しました。よく「これだけ売れているのにどうして別の赤を開発するのか？」と質問されるのですが、それも「カラーも造形の一部」という思想がベースにあります。

魂動デザインの進化にともない車の造形も当然進化しています。だとしたら色も一緒に進化しなければなりません。ソウルレッドクリスタルメタリックはプレミアムメタリックよりも彩度が20％、深みが50％アップ。赤いところはより赤く、深いところはより深く見える立体表現を可能にしました。今は単に色味の創作ではなく、質感そのものをデザインするという領域に進んでいます。

色を作る上で、デザイナー（制作側）とエンジニア（生産側）は常にぶつかり合って〝共創〟作業をしてきました。そもそもデザイナーとエンジニアは真逆の性格を持っています。「世の中にないからこそ作りたい」と思うのがデザイナーの本分なら、量産を意識するエンジニアが望むのは「あるものでなんとかできませんか」。本質的に水と油のようなところがあるのです。

そんな両者が想いをひとつにして開発を進めるにはどうしたらいいか？　デザイナーとしてはとにかく理想を描くしかないと思っています。理想というのは難しいものです。そこらへんに転がっているわけではないし、新しいものを作り出さなければなりません。お客様の心に響くようなものを出さないと当然エンジニアの心にも響きません。しかもエンジニアは日々技術革新してこちらのリクエストに応えてくれているので、中途半端な提案では納得してくれません。

前田がよく言うのは「想定内じゃダメだ」ということです。想定内の提案では絶対ＯＫは出ませんし、「まあ、普通だよね」で終わってしまいます。大事なことは相手の心を震わせられるかどうか——苦しい作業ですがデザイナーがそれをクリアできないと、本当の意味での〝共創〟は続かないと思います。

塗装

寺本浩司
車両技術部　塗装技術グループ

理想を作るために現実を変える

生産サイドではソウルレッド以降、匠が塗ったようなクオリティの塗装を量産するため、「匠塗」という特殊技術の開発をはじめました。塗装業界の常識として、美しい塗装を施すことと環境性能を両立させることは相反すると思われています。というのも美しい塗装を実現するには色を何層も重ねる必要があり、それは環境負荷の増大につながるからです。しかしわれわれは世界トップレベルの環境性能を維持しながら、同時に匠塗を実現するにはどうしたらいいかという観点で技術的課題にチャレンジすることにしました。

そのためには通常の開発工程を踏んでいたら不可能です。これまでは、デザイナーが作ったイメージカラーが開発部門や生産部門に渡ると劣化するというのが普通でした。量産を意識したり傷がつきにくいなどの耐久性を塗料に加えることで、本来の色のイメージから遠ざかっていたのです。

そこでわれわれは発想の転換を行いました。先にデザイナーがイメージを作って生産にバトンタッチする方式ではなく、最初の段階からデザイナーやエンジニア、生産担当者など塗装に関係するスペシャリストが一堂に会して、みんなで一緒に作ったらどうだろう、と。新しい色を作るためのスペシャルタスクチームを発足させたのです。

たとえばソウルレッドクリスタルメタリックを例にとると、まずデザイナーが自分の作りたい色について説明します。マグマの写真や透明度の高い赤い宝石などイメージに近いものを見せながら、「こういう赤みが作れないか？」とエンジニアたちと協議します。エンジニアはデザイナーの作りたいものを正しく理解した後、その色を物理的な光学特性などに変換しながら塗膜構造として設計していきます。つまり、みんながハラオチした上で「どうやってこの理想を手に入れるか？」という共通の目標に向かっていくやり方に変えたのです。

それはエンジニア側の意識も大きく変えました。今、彼らは「作りたいものを作るために技術を作る」という考え方が主流になっています。「まずは理想。そのために現実を変えていく」という思考が一般的になったのです。

さらにそれは部署間の連携も変えました。これまでマツダの各部署は自分たちを守るため、そして他部署から責められないため、リスクはなるべく回避する傾向にありました。しかし、各部署が閉じていたのでは真の〝共創〟は成立しません。それを打ち破るにはタスクチームに対する信頼――何かあれば必ずみんながサポートしてくれる安心感――が必要になります。マネジメント側が高みを目指すタスクチームをサポートする姿勢を打ち出したこともあって、今、社内には新しいことにチャレンジできる気運が高まっています。

クレイモデル

呉羽博史

デザインモデリングスタジオ　部長

アートを掲げて突き抜けたアイデアを実現

デザイナーとクレイモデラーの関係は、デザイナーがおおまかなカタチをデジタルデータで作って、それを基にモデラーが実際のカタチを作っていくというのが通常です。デザイナーの言う通りのモノを忠実に作るのが古くからのモデラーの役目でもありました。

でもマツダには昔から独特の風土があるんです。デザイナー、モデラー、どちらでもいいからとにかくいいモノを作った方が勝ちである、という。つまりモデラーの中にもデザイン的発想ができる人がいて、そういう人はデザイナーとバトルを繰り広げながらモノを作っていくのです。その代表格が私の後に登場する野田です。野田の作るカタチには間違いがないということから、今では「匠モデラー＝クリエイティブデザインエキスパート」という肩書が与えられています。彼の作ったモデルを超えていくデザイナーがまだまだ多くないというのが現状です。

クリエイティブ能力のあるモデラーは、テーマとして出される言葉からイメージを膨らませ、自由にオブジェやアートピースを作ります。魂動デザインの根源であるご神体がまさにそうで、ＳＨＩＮＡＲＩやアテンザはそれをベースに具体的な車のカタチへと落とし込んでいきました。さらに彼らはテーマすら必要としないときもあります。たとえばＲＸ‐ＶＩＳＩＯＮは、前田がやって来て、「アンベールしたときみんなが一瞬静まり返って、その後で爆発的に拍手が起こるカタチをイメージして作ってくれ」とだけうそぶいて帰っていきました。ほとんど情感表現だけの指示だったのです。

前田が本部長になったことでデザイン本部の空気は変わりました。これまで野田のような人間に対して〝匠〟という称号はなく、ただの優れたモデラーという位置づけでした。それが初めて幹部社員という扱いになり、それに合わせて人事査定も再定義されました。「匠とはどうあるべきか？」「匠はどのレベルまで達していなければならないか？」――今後は野田を先頭に、マツダのＤＮＡが持つ造形の力感をもっともっと極めていきたいと思います。

あと私たちにとって前田の功績はアートという言葉を解禁したことです。これまでマツダ社内ではアートという言葉がご法度のように扱われていました。潜在的なアーティスト志向はあるのに、「われわれが作っているのはあくまで商品なので、これくらいで抑えよう」という意識が働き、今ひとつ突き抜けきれないところがあったのです。しかし前田はその足かせを外し、匠の破天荒なアイデアを次々と成功に導く新境地を拓きました。するとそれが文化になり、具体的な指標にもなってきました。今は「自分たちも作品を作るんだ」という意欲が社内に溢れています。

前田の役割は、とにかく高みを見せること、これまで表現したことのないビジョンを示すこと――ですね。ディレクターの役割はそれで十分だし、正直前田自身もすべてをわかってやってるわけじゃないと思うんです。到達できるかどうかわからない部分をもう少し上げられないかと思って言っていたりする。あとは、われわれがその期待値を上回ることを考えればいいだけの話なんです。ギリギリのせめぎ合いの中で生まれるモデルだけが最高の感動を生むということをわれわれも知っていますし、またそれが達成感につながるのですから。

クレイモデル

野田和久

デザインモデリングスタジオ　クレーモデルグループ

「立体のプロ」はモデラーである

昔からマツダにはモデラーが造形の提案をする風習があって、モデラーも自由にカタチを作っていました。面白いのはプレゼンのとき、提案する案にモデラーの名前が付けられたものがあること。たとえば〝野田モデル〟とか。普通はデザイナーの名前の案ばかりなのに、モデラー主導の案も同列に並べられる伝統があるんです。

それは社内に、二次元ベースで考えるのと立体ベースで考えるのは別物であるという認識があるからかもしれません。二次元で考えたものはそのままやっても絶対三次元にはなりません。二次元のよさを三次元に変換するには、特別な表現を加えないとダメなのです。われわれは立体に関してはデザイナーよりモデラーの方がプロフェッショナルであるという自負があるので、そうなると立体のプレゼンはモデラー主導で進めた方がいいという話になってきます。

最近は感性に刺激を与えるため、通常業務以外のいろんな経験をさせてもらっています。クレイを離れて他ジャンルの匠や人間国宝の方と話をして、ものづくりに対する姿勢を学んだり。あと最近はデザイナーと一緒に山に登ったりもしますね。「このカタチ面白いね」という岩や石があれば、その場で型どりをしてデザインスタジオに持ち帰るんです。そこからインスピレーションを得るというか、自然界のカタチを参考にオブジェを作ってみたりもします。

さらに最近はRX‐VISION、VISION COUPEの光の造形を生むために書道をやりました。面の流れの力強さやスピード感を、毛筆の運びやはらいに重ねてイメージするんです。とにかくいろんなタッチを試して、書き手の感情と筆さばきのニュアンスを立体に落とし込んでいきました。デザインスタジオなのにスケッチじゃなく半紙が壁に貼ってあるのは相当奇妙だと思います（笑）。

前田がチーフになってから、やりがいはすごく増しました。とにかく前田は目が肥えています。こちらが微妙にこだわったところをすぐに見抜いて指摘してくれる。そこまで気付けるデザイナーはごくわずかなので、「なかなかやるじゃないか」という気にさせられます。ただ、逆に造形での妥協や悩みも立体を通してすぐに見抜かれてしまうので、こっちはまったく手が抜けません。

そんな前田がくれる最高の誉め言葉は「ギリギリだな」。あと0・3ミリ削るとバランスが崩れるし、もう少し張りを付けると普通の造形に見えてつまらなくなる。そんな美のストライクゾーンの端っこを狙う感じ。前田に「これ、ギリギリだな！」と言ってもらえるような、新しい表情を持った立体構築や光の変化を今後も生み出し続けたいと思います。

チーフデザイナー

土田康剛

デザイン本部　チーフデザイナー

自信やオーラで判断

チーフデザイナーとはひとつの車種のデザインの責任者のこと。私は10人ほどの部下を率いて、VISION COUPEと同時に発表されたコンセプトカー「魁《かい》 CONCEPT」のチーフデザイナーを務めました。

そもそもチーフデザイナーはどのようにして車のデザインを作っていくのか？　まず、マツダでは前田を中心に魂動デザインのロードマップというものが設定されています。他社ではチーフが自分の好きなように車を作れるところが多いようですが、マツダはブランド全体のコンセプトが最初にあって、その中でチーフの個性を出すという方法をとっています。

ただ、いったん方向性を確認すれば、その後の具体的なデザインや進め方はチーフに一任されます。「こういうふうにしろ」というオーダーは一切ありません。一定の枠組みと目標レベルについては前田と話し合いますが、そこさえクリアしていればどんなやり方を採ってもいいし、どんなデザインを作ってもいい。つまりトップダウンではないのです。

魁 CONCEPTに関しては比較的スムーズに進みました。私はチーフを務めるのが初めてだったのですが、ある程度カタチが決まってクオリティコントロールの段階になると、前田から「あとは任せた」と言われました。テーマの段階で一度作り直して、1分の1クレイモデルで提案したときも「まだ足りないよね」「まだ違うよね」というやりとりは多少ありましたが、OKのときは「これだね」と一瞬。あっという間に決まったという印象です。

前田はとにかく判断が速いんです。レビューはいつも10分程度。「いけるな」というときは部屋に入ってすぐ「これでいこう」となるし、ダメなときもすぐ「なんか違う」「響かない」となる。これは私の想像なのですが、前田は私やチームが放つ自信や完成モデルが発するオーラのようなものを見ているんじゃないかと思うんです。だから言葉はいらないし、長々と説明する必要もない。逆に説明しすぎると言い訳していると思われる。すべては感覚的、直感的に決められていくところがあります。

あと、トップダウンをしないことに関しても、意図的にやっているのだろうなという気がします。前田は具体的な指示は出しません。間違いは指摘しますが、それをどう修正するかもこちらに委ねます。困ったときはミーティングを開いてくれますが、そのときも「おまえはどうしたいんだ?」という意見を常に求められます。こちらに「こういうふうにしたい」という提案がないと話を聞いてくれません。

そもそもトップダウンでデザインを進めると、それ以上のものにならないという欠点があります。おそらく前田自身は「明確な目標はあるけど明確な答えはない」というタイプで、だからこそ具体的なカタチはチーフに提案してもらいたいと思っているのでしょう。常に想定外のものを見たいし、自分の頭にないものを見たい。突き抜けたものを見て驚きたい——それが彼のスタイルだと思います。

世界と肩を並べている実感

前田から学んだのは「チーフは高い目標を掲げることが大事」ということです。ある種の旗頭になること。そうするとメンバーたちも迷うことなく付いていてきてくれます。

たとえば魂動デザインがスタートした2010年、前田は「デザインで世界一になる」と全員の前でぶち上げました。そのときはみんな「無茶言ってるなぁ」と思っていましたが、毎年振り返るたびにその目標に近づいているんです。「ワールド・カー・デザイン・オブ・ザ・イヤー」というグローバルで売られている車の中でデザインの優れたものを決める表彰においても、2013年にアテンザがトップ3に入り、翌年アクセラもトップ3入り、2016年にはCX‐3がトップ3でロードスターがグランプリですからね。世界のトップデザインに肩を並べるという目標に着実に近づいている実感は、社内の誰もが感じていると思います。

じゃあどうしてそれが実現できたのか？　それはマツダの企業風土として、負けず嫌いな性格があるからかもしれません。とにかく愚直で挑戦することが大好き。この会社にはいくら言葉で言ってても動かないけど、きれいなモノ、カッコいいモノ、美しいモノ……モノ自体を見せると動くという人が多いんです。その根本にあるのは負けず嫌いという魂。優れたモノを目にすることで「これが実現できたらすごいことになる。だったらやってやる！」と心に火が点いてしまうんです。

前田はどういう人か……とにかく妥協しない人ですね。いくら時間がなくてもお金がなくても妥協はしない。それは私も学んだところです。魁 CONCEPTにしても、モデル化に向けてGOをしないといけない時期なのに、「まだフロントがダメだな」となかなか許してくれない。毎日修正して見せても「おまえは本当にこれで自信があるのか？」と問われ続ける。そのときは締切はオーバーするわ、サプライヤーとの板挟みになるわで大変でしたけれど、粘ったぶんデザインの完成度は抜群に上がるんです。修正前と比べると毎回、「こだわってよかったな」と納得する。その最後まで妥協せず、とことんまで美を追求する姿勢はクリエイターとして尊敬するところだし、彼のジャッジに対する信頼感につながっています。

第5章

ものづくり論

［今こそ原点に帰るとき］

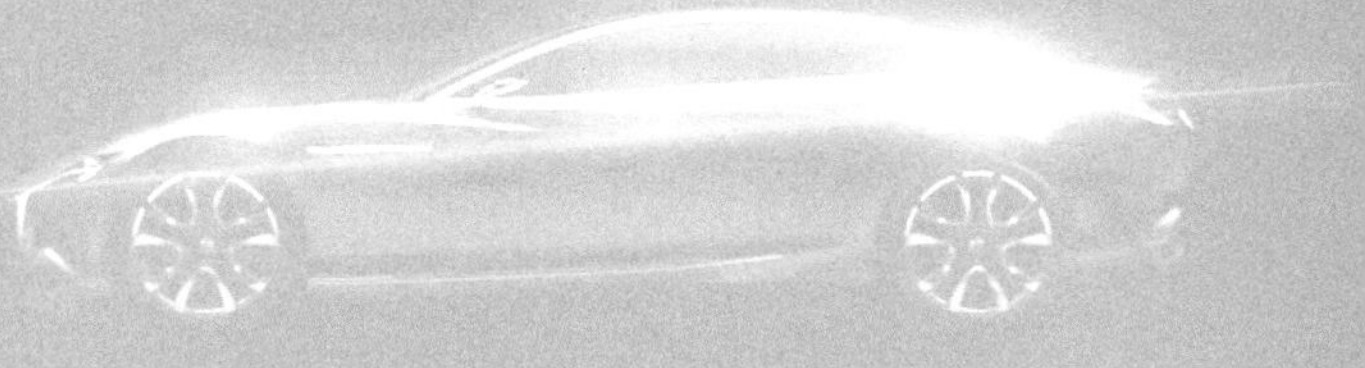

要素をそぎ落とした〝和〟の表現

２０１７年秋に発表したわれわれの最新作、ＶＩＳＩＯＮ ＣＯＵＰＥ。それはマツダの新たなるビジョンモデルであり、魂動デザインの幕開けを告げたＳＨＩＮＡＲＩ同様、次世代への進化と、これからの方向性を指し示す象徴的な一台という位置づけである。

そのＶＩＳＩＯＮ ＣＯＵＰＥの発表に際して多くの方が驚いたのが、車をめぐるコンセプトや空気感の中に和の要素、日本的な表現が色濃く表れていたことだろう。キャラクターラインなどのわかりやすい要素を限りなく排した、精緻でエレガントな立体造形。研ぎ澄まされた日本刀のような、静謐で冴え冴えとした存在感。それはシンプルな美、引き算の美学をよしとする日本古来の美意識に根差したものであり、ＶＩＳＩＯＮ ＣＯＵＰＥを解説するブックレットの中にも「余白」「移ろい」「反り」「間」「艶と凛」などといったキーワードとともに日本庭園の枯山水だったり、日本の伝統建築の屋根のカーブだったり、ふすま一枚で日本間と庭を仕切る様子を写した写真を掲載した。

さらに台風で中止になってしまったとはいえ、企画の最初の段階では車の発表の場は東京国立博物館法隆寺宝物館。古代に作られた仏像を鑑賞してもらった後にアンベールを行うと

VISION COUPE

いう手はずになっていた。舞台が店舗に変更になった後も、会場内には国の無形文化財に指定されている「玉川堂」の鎚起銅器や、室町時代から続くいけばなの始祖である「華道家元池坊」の作品が飾られ、キーンと引き締まった空間を作り上げた。

次世代の魂動デザインは日本的な表現にかじを切る。日本文化の伝統により接近したものを標榜する――われわれのメッセージは来場者の元に届き、VISION COUPEのお披露目は大成功のうちに終了した。

しかし正確に言えば、われわれがデザインにおいて日本的な感覚を意識しはじめたのはVISION COUPEが最初ではない。その2年前に発表したロータリースポーツコンセプト・RX-VISION、このときからすでに今に至る動きははじまっていたのだ。

RX-VISIONは、われわれが思うもっとも美し

RX-VISION

いFRスポーツカーの造形に挑戦したコンセプトモデルである。2015年10月に行われた第44回東京モーターショーで世界初公開したのだが、個人的にはこれまで見てきたアンベールの中でこのときの反応がもっとも印象深かった。RX‐VISIONが姿を現した瞬間、静寂が会場を包み込み時間が止まったようになった。誰もが息をするのも忘れてしまった。それが数秒後には割れんばかりの拍手と喝采に変わっている（翌年、RX‐VISIONはフランスで開催された国際自動車フェスティバルで「モスト・ビューティフル・コンセプトカー・オブ・ザ・イヤー」という賞を受賞した）――。

実は、このときデザイン部では2台の車の構想がすでにあった。1台はRX‐VISIONで、もう1台はまだ制作途上のVISION COUPEのプロトタイプ。2台とも和のニュアンスが込められたものだが、テイスト的には真逆の要素を持っている。それぞれが次世代デザインの〝際《きわ》〟を示すことになるだろう一卵性双生児のような車たち。われわれはひとまず総力を挙げてRX-VISIONを完成させ、そこから2年かけてもう1台の車＝VISION COUPEを完成させた。そして2台が揃って初めてその根幹にあるコンセプトについて語ろうと思っていた。VISION COUPEの発表の場があれだけ日本的なファクターで埋め尽くされていたのは、そういう理由があったのである。

iPhoneは日本人が作るべきだった

そもそもどうして、次世代の魂動デザインが〝日本化〟という色彩を帯びることになったのか？

私がマツダデザインの本部長に就任したのが2009年。そしてマツダのオリジンに魂動デザインというフレームを与えたのが2010年。そこからいろんな車を作ることで魂動デザインは成長を遂げていったが、それは同時に私自身が成長していく過程でもあった。生き物の動きからヒントを得ようと動物の写真集をめくることからはじまった旅は、やがてマツダの過去の遺産を辿り、会社全体をブランドとして再定義し、さらに社内で部署の垣根を超えた〝共創〟意識を高めるなど、次第に大局的な視点を授けてくれた。気が付けば私は近視眼的な思考を脱し、広い視野で物事が見られるようになっていた。

その中で私が感じるようになったのは、メイド・イン・ジャパン、すわなち日本のものづくりに対する強烈な危機感だった。今、日本のカーデザイン、もしくはインダストリアルデザインというのは壊滅的な状況にあるのではないか？——そんなふうに思う機会が近年飛躍的に増えたのだ。

やはり大きかったのは、日本を代表する大手家電メーカーが中国企業の傘下に置かれたり、不祥事が発覚するなどしてブランド価値を下落させ、世界におけるプレゼンスをみるみるうちに失っていったことである。かつては世界中を席巻し、品質と信頼の象徴だったジャパンブランドが今や見る影もなく苦境に陥り、あえいでいる。

その原因を私なりに分析していくと、結局はデザインの問題であるというところに行き着いてしまう。メイド・イン・ジャパンの製品が他国に比べて機能的に劣っているかと言われれば、そんなことはない。しかし今CMを見ていても、日本製品には「その機能いる？」と思えるような印象しかない。私にはそれはいたずらにディテールをいじっているようにしか見えないし、本質的なものづくりから目をそらしているように感じられる。

もっともわかりやすい例を出そう。世界中で愛されているスマートフォン、iPhone。私も長年愛用しているが（ちなみに私は側面にステンレスフレームが使用されたiPhone4が最高傑作だと思う）、本来ならこのデザインは日本から出てきてほしかった。とことんまで要素を削り落とし、シンプルかつ繊細なバランスの上に成り立ったこのデザインは私に言わせれば極めて日本的である。それも表面的なジャポニズムではなく、日本人の美意識および精神性の奥深くにあるものを見事に抽出したカタチである。

iPhoneのデザインの基盤にあるもの、それは禅の思想である。スティーブ・ジョブズが禅に精通していたというのは有名な話だ。彼は日本文化に興味を持ち、禅に深く傾倒していた。そういうリーダーに率いられていたからこそアメリカの企業であるアップルがこのデザインをモノにできたわけだが、ではそれを日本のメーカーが作り、世界に発信することはできなかったのだろうか？　自分たちのルーツに目を向け、カタチにすることはできなかったのだろうか？

見限られる東京モーターショー

ある日、この問題について深く考えさせられる出来事が起こった。

私はプライベートで冷蔵庫を買いに出かけた。私には冷蔵庫の機能についてのこだわりなどほとんどなく、職業柄「カッコいいデザインのものがほしいな」という程度の気持ちで店をのぞいたのだが、探してみるとほしいと思える冷蔵庫がどこにもない。どの家電量販店に行っても満足いくものがないので担当者に訊いてみると、返ってきた言葉は「そこまでデザインにこだわるんだったら韓国製を選んだ方がいいですよ。あと、台湾まで足を延ばせばドイツ製のものが手に入りますよ」というものだった。つまり、「デザインのいい日本製冷蔵庫など市場には存在しない」と宣告されたようなものだった。

日本は家電大国ではなかったのか？　それなのにデザイン面でこれほど低く見られているというのはどういうことだ？――私の中に屈辱的な想いが湧きあがったが、すぐにハッとさせられた。

では自動車業界はどうなのだろう。日本は家電大国であるとともに、自動車大国だったはずだ。

2017年の東京モーターショー、その参加企業が発表された6月下旬、日本の自動車関係者の間に衝撃が走った。前回まで参加していた企業が相次いで不参加を表明したのだ。フィアットやアルファロメオが欠席となり、イタリアからの参加車はゼロになった。ジャガー、ランドローバー、MINIも不参加となり、イギリス車のエントリーもなくなった。前回アメリカから唯一参加していたジープも欠席となったため、アメリカ車も全滅。日本で最大規模を誇るモーターショーにイタリア、イギリス、アメリカ、そして中国、韓国の大手メーカーが不参加とは（逆に海外メーカーで参加しているのはドイツ、フランス、ボルボのスウェーデンの3ヶ国のみ）……これが現実なのだ。これが現在、グローバル市場における日本の自動車業界の立ち位置なのだ。

もちろんここには、日本より中国のマーケットを優先したいという販売戦略上の理由もあるだろう。しかし、私はそれ以上に日本の自動車文化が軽視されているように感じた。「TOKYOに持って行っても車の本質を理解できる者などいない。だったら出展してもしょうがない」――そんなふうに言われているように思えたのだ。

それはデザインにおいても同じことだ。デザイン意識の低い人たちに自分たちの〝作品〟を見せる意味はない……私にとって海外大手のこの選択はこたえた。そして危機感がさらに募った。今の日本のデザインは世界から完全に取り残されている。かつての日本人の美意識、クオリティへのこだわりを表現できる日本人デザイナーはいないのか？

私の中で、「日本のプロダクトデザインをなんとかしなければ」という焦燥は日増しに勢いづいていった。

私たちの原点に立ち返る

それと同時に感じていたのは、今や自動車産業自体が、その国独自の文化や価値観を背景にしたものづくりをしないとやっていけない時代になったという事実である。

これまで日本の自動車メーカーは、安くて、性能がよく、信頼性の高い車を作ってきたから各国で受け入れられ、売り上げを伸ばしてきたという歴史がある。日本人ならではの勤勉さと器用さを武器に世界で戦ってきたのである。しかし今、グローバルの勢力地図は猛烈な勢いで書き換えられつつある。中国、インドといった新興国が自動車の生産技術を向上させ、どんどんシェアを伸ばしている。彼らが作る車の質はもはや低いとは言えない。デザインのクオリティも上昇している。その上、彼らは人口減少の進む日本とは対照的に、広大な自国マーケットに支えられるスケールメリットまで有しているのだ。

こうなってくると日本の立場は非常に危うい。これまでの「安く、性能がよく、信頼性が高い」というイメージのままだと、10年以内に確実に追いつかれてしまう。〝お買い得商品〟を作っている会社は山のようにあるし、ライバルは伸び盛りの国ばかりだ。ブランド論のところでも述べたが、現在の機能性だけを打ち出す商売のやり方だと早々に大波に呑み込まれ、沈んでしまう。特にマツダは世界シェア2％という規模のメーカーなので、体力勝負になると一番に脱落を迫られることになる。

こうしている間にも、水位は着実に上昇している。だから早くブランドとしての価値を上げなければならない。向こうが太刀打ちできないくらいの地位を確立し、この量産合戦から抜け出さないといけない――。

そんな中、個人的に参考になったのはボルボの動きだった。ボルボはマツダと同じく90年代末にフォードに買収され、その傘下に入った。そしてマツダと同時期にフォードからリリースされた。つまりある一定期間を似通った境遇ですごした親戚のような存在なのだが、彼らがフォードから離れたときにまず何をやったかと言えば、自分たちのオリジンを探すことだった。そしてメイド・イン・スウェーデンということにフォーカスして、スカンジナビアン・デザインというコンセプトを打ち出してきた。

ボルボはもともと安全性能の充実をブランドピラー（ブランドの支柱）として掲げているメーカーだが、そこにデザインというものが付け加えられた。彼らはスカンジナビアン・デザインの特徴として、スウェーデンという国に昔から流れる自然との調和、クラフトマンシップへの敬意、丹精なものづくりの姿勢……などをアピールしてきた。そしてそのコンセプトに従って、２０１４年から「コンセプト・クーペ」「コンセプト・XCクーペ」「コンセプト・エステート」という3種類のコンセプトカーを発表した。

そのコンセプトカーを見たとき、私は「やられた！」と思った。彼らは原点に戻ろうとしているのだ。ボルボはフォード傘下にいたとき、スポーティでスタイリッシュな方向性を目指していた。それは今風のカッコよさは備えていたものの、ボルボらしさは希薄と言えるデザインだった。しかし彼らは外資の縛りから解き放たれたとき、自分たちのルーツを見つめ、そこに回帰しようとした。メイド・イン・スウェーデンに立脚し、スカンジナビアの文化を車に注ぎ込もうとした。たとえ時流とはかけ離れていても「それがボルボなのだ」と言わんばかりに。「ボルボはボルボ、われわれはスウェーデンの車会社なのだ」と高らかに宣言するように――。

それは、当時私が思い描いていたブランド戦略とぴたりと一致するものだった。

マツダはマツダ、われわれは日本の自動車メーカーである、と――。

レス・イズ・モア

自分たちのオリジンに何があるのか？　われわれはどういうカルチャーの上に成り立っているのか？――私はそこから日本文化というものを追究することになるのだが、考えてみればそれは数年前に私が取り組んだ行為とベクトルは同じだった。マツダという会社の原点に何があり、どのような思想の上に成り立っているのか。かつてマツダのDNAを探ったときと同じように、今度は日本の美意識、日本のものづくりがターゲットになった。いわば探るべき母体のスケールがひとまわり大きく、深くなったというだけである。

マツダデザイン部としても日本の美に対して積極的にアプローチしていった。日本庭園、日本建築、生け花、書道、俳句、伝統工芸、和食……そこにジャンルは関係なかった。「カタチに生命感を与える」という命題のとき、メンバー全員で野生動物の動きに食い入るように見入ったように、どんなものからもヒントを得ようとした。

ちょっと話が脇道にそれるが、さきほど、冷蔵庫を買いに出かけたとき、「デザインの優れた冷蔵庫を買おうと思うんだったら韓国製にした方がいい」と店員から言われたと述べた。

実際韓国には準行政機関として「韓国コンテンツ振興院」というものがあり、国を挙げてデザインの底上げを図っている。ブランド戦略としては日本の先を行っているし、わが国も見習うべき点は多いが、しかし韓国も今壁にぶつかっているところがある。それは韓国のオリジナリティや文化ははたして何なのかという問題である。

韓国の自動車メーカーにはヒュンダイ、起亜自動車という大きな企業があり、デザインの面でも世界的に高い評価を得ている。だがそのデザイナーの多くはヨーロッパ人、特にドイツ人だ。今後彼らがメイド・イン・コリアのスタイルを問われたとき、答えに窮することはないのだろうか?

では翻って、日本文化の源泉にあるのは何なのか……? さまざまな試行錯誤を経て私の中に浮かび上がったのは〝引き算の美学〟という言葉だった。たとえば日本の伝統工芸展に足を運ぶと、多くの展示物の中で別格のオーラを放っているものがある。それは陶器だったり漆器だったり染物だったり木工品だったりとさまざまだが、どれにも共通して言えるのはギリギリのバランスで成り立っているということである。要素が徹底的にそぎ落とされている。それゆえパッと見たときはシンプルに映るが、そこには観れば観るほど味わいが出てくる複雑なニュアンスが込められている。

「簡素なのに豊か」なのか、「簡素だからこそ豊か」なのか……どちらにしろ「レス・イズ・モア（より少ないことは、より豊かなことである）」こそ日本文化の根幹にある思想だと私は思う。

ここでひとつ注意してもらいたいのは「レス・イズ・モア」は決して日本オリジナルのデザイン哲学ではないということである。ドイツのバウハウスが提唱したのもシンプルなものづくりであり、「レス・イズ・モア」という標語も一般的には近代建築を確立したドイツの建築家、ミース・ファン・デル・ローエのものとして知られている。しかし、同じ〝引き算の美学〟を標榜していてもドイツと日本では根幹の部分が異なる。とことんまで合理性を追求した末に辿り着く機能美こそがドイツの美学であるのに対し、日本は「ものをなくすことで豊かさが生まれる。豊かになるためにものを捨てていく」という考え方が底流にあるのだ。

つまりいかにシンプルに、いかに味わい深く作っていくか――私はそこに日本的ものづくりの指針があると気付いたのである。

世界は職人技に熱視線

日本文化の美意識について学ぶ一方、私が大きな影響を受けたのは日本のものづくりに込められた精神性の部分だった。

今は海外からそれほど高い評価を与えられていないように見える日本のものづくりシーンだが、その中で唯一彼らが注目しているホットスポットがあるのをご存じだろうか。それは町工場である。昨今3Dプリンターの登場や、AIやIoT、ビッグデータなどの活用によってもたらされる〝インダストリー4・0（第四の産業革命とも訳される、ドイツが先導する製造業のデジタル化）〟の動きなど、ものづくりの世界では大きな変革が起こっている。工場内のすべての工程がデジタル化、オートメーション化されつつあるのはどの国も同じだが、その一方でだからこそ機械では作れないもの、コンピュータで制御できないものに注目が集まっているのも事実である。

世界がほしがっているのは、腕利き職人が持つオンリーワンの技術である。多くの作業がコンピュータでカバーできるようになった今だからこそ、彼ら匠の鍛え抜かれた手技はまばゆいばかりの価値を持つ。そして日本の町工場にはそのような手作業に秀でた職人たちが数多くいる。いにしえより続くものづくりの技と心を継承する彼らこそ、日本の製造業が復活するために欠かせないメインキャストだと私は確信している。

実際、そのような職人たちとの交流はわれわれに多くのことを教えてくれた。

前述したようにマツダでは近年、各地の伝統工芸作家と積極的にコラボレーションを行っており、そのひとつがものづくりの聖地・新潟県燕市で200年以上も活動を続ける「玉川堂」だ。玉川堂は鎚起銅器という工芸品を製造していて、それは職人が木づちや金づちでひたすら銅板を叩きながらひとつの器を作っていくというものである。その一品にかける時間、なんと約500時間！

もちろん完成品の仕上がりも素晴らしいが、それより私の心を打ったのは500時間にも及ぶ工程の方だった。一人の職人が銅板を、来る日も来る日もトータルで500時間も叩き続けるのだ。あるモノを500時間も集中して叩き続けるということは、そのモノと500時間対話するようなものである。するとそのモノに職人の魂のようなものが乗り移っていく。単なるモノを超越した何かがそこに芽生えはじめる……。

これも先に触れたが、われわれは同じ広島を拠点に活動する「七代金城一国斎」という漆芸家の方ともコラボレーションを行った。金城さんは魂動デザインのコンセプトに共鳴して卵殻彫漆箱「白糸」という作品を作ってくださったが、これがまたすごかった。なんと金城さんは、細かく砕いた約8000片の卵の殻を1枚1枚漆箱の表面に貼り付けていくという手法をとったのだ。完成までに要した時間、約10ヶ月。数ミリ単位の卵殻片を8000枚、

1枚1枚貼り付けていくという気の遠くなるような根気強さ……。

玉川堂も金城さんも、モノと職人、二者だけの対話の時間を有していた。それは孤独であるが濃密で、厳しくもあるが恍惚としていて、その時間があるからこそできあがった作品にオーラのような箔が付着しているように感じられた。

この神秘の時間の正体は何なのか？ その中でどんな化学変化が起こっているのか……？ 多少スピリチュアルかもしれないが、そういったものづくりの奥に潜む精神性の部分が私を強烈に魅了したのだ。

職人＝アーティスト

職人たちはモノとの対話をどのように進めているのか？ そして制作の中のどの瞬間に、モノに魂が乗り移るのか……？ 私はさまざまな観点から彼らの作業を眺めてみた。

車作りということを考えても、1台の車が完成するまでには4年近くの歳月を要する。言い換えればその4年間、われわれも車と対話をしていることになる。その間、車にどんな言葉をかければいいのか？ どの瞬間に車に魂が乗り移るのか？ 重なる部分は山ほどあった。

考えてみれば、魂動デザインの根底にあるのは「ものに命を与える」という思想である。

そこには生命感を表現するというデザイン上の意味合いに加え、日本古来の道具論も強く影響している。道具は大事に使い続けることで単なる道具を超えていく。そして道具は精魂込めて作られる過程で作り手の分身のようになっていく。まるで作り手の魂が宿ったかのように時代を超えて生き続けるものもある。そのもっともわかりやすい例が仏像だろう。古典的な手作業で命を吹き込まれた仏像は、いつしか道具を超えた偶像となり、現在も崇拝の対象として祀られている。

もしかしてマツダが学んだのは、日本伝統の美意識よりそういったものづくりに対する態度や精神性の方が大きいのかもしれない。われわれは玉川堂にスタッフを派遣して一緒に銅板を叩かせてもらったが、それは職人としての心構えを学ばせてもらう絶好の機会だった。意識の高い職人と交流を持つことで、自分たちも簡単に車のデザインを作ってはいけない、もっと深く、もっととことんまで魂を込めないと人の心を動かす作品など作れない――彼らはそんな決意を新たにしたはずだ。

道具論に関して言えば、もうひとつ触れておきたいことがある。それは、江戸時代まで日本のアートの対象はほとんどが道具だったということである。アートという概念は明治以降、西洋文化の影響を受けてガラリと変わったが、それ以前の日本では日常生活で使うものの中に美を見出していた。機能性と美を一体と考え、それらを同時に追求していくことが日本の道具作りの真髄だったのである。

そう考えると「Car As Art（車はアート）」というわれわれのデザイン哲学も、あながち大風呂敷を広げたものとは言えなくなる。かつての日本では、芸術家（アーティスト）が作るアートではなく職人（アルチザン）が作るアートこそ本流であり、職人＝アーティストだったのだ。

そういえばアートという英語には、〝芸術〟という意味の他に〝技術〟〝技芸〟といった意味がある。マツダとしては日本古来の〝アート観〟に則って、両方の意味に軸足を置きながら旺盛なアート活動を展開していきたいと思っている。

成熟のエレガンスへ

そうした背景を知ってもらった上でわれわれの最新作を見てもらうと、より多くのことが感じられると思う。「生命感の表現」をテーマにこれまで7年近く展開してきた魂動デザインが、今どのような進化を遂げようとしているのか。魂動デザインの次世代はどういうものを目指しているのか。

RX-VISIONとVISION COUPE、われわれはそれを次世代デザインのブックエンドと位置づけている。無限のバリエーションと可能性に満ちた「魂動デザイン・フェイズ2」の領域はここからここまでの範囲に含まれるということを伝えるため、その両端に目印となる杭を打ち込んだのである。そこに私たちが与えたメッセージは次の2つだった。

艶と凛――RX-VISIONが艶、VISION COUPEが凛。2台はそのようなミッションを背負ってこの世に生まれてきた。

艶とは一体何だろう？　物言わずとも立ち昇るあでやかな色気。心をくすぐり、浮き立たせる媚薬の香り。〝艶〟という字を見てもらえればわかるが、艶とはまさしく色が豊かと書く。RX-VISIONは極限まで要素を削ったシンプルなボディを持ちながらも、見る者をハッとさせるグラマラスな存在感を放つ。まるで夜の闇に咲く真紅の椿のように、RX-VISIONは静かに発熱する。無言で誘惑する。「レス・イズ・モア」ではないが、隠すことにより匂い立つアトモスフィア。抑えることで増幅した風雅――そのような手法で生命感の発露を表現したのがRX-VISIONだと言えるだろう。

では、凛とは一体何だろう？　触れれば切れそうな緊張感。ピンと張り詰め、心を鎮める冴えた空気。〝凛〟という字で使われている〝冫（にすい）〟は氷を意味する。つまりぬるさの対極ということ。VISION COUPEは極限まで要素をそぎ落としたデザインが施されているが、この車が体現するのは研ぎ澄まされたエッジに宿る怜悧な光である。まるでそこにあるだけで空間を支配する名刀のように、われわれはVISION COUPEを見ることで覚醒する。過剰を脱ぎ捨て自由になる。ここにあるのは徹底的に極め尽くす、どこまでも高みを目指すという職人魂そのものであり、その青い炎のような結晶を車に託したものである。

ここまで読んで勘づかれた方もいるかもしれないが、艶と凛、これはどちらも生命感を内に含んだ言葉である。決してスタティック（静的）ではない。かたや色気、かたや緊張感と言えばわかりやすいが、その後ろにはともに命の存在がある。人間がいるからこそ立ち昇るエモーショナルなゆらめきがある。そういう意味で、艶も凛も「生命感の表現」を標榜する魂動デザインの哲学を今に引き継いだものだと言える。

また一方で、そこには変化した部分もある。チーターの動きに代表されるように、魂動デザインの当初の目標は〝動〟を表現することだった。生き物が躍動をする様をカタチに昇華させた〝動〟の車から、艶、そして凛へ――表現は次第に洗練され、奥ゆかしさを増している。直截的でフレッシュな表現から、余白、暗喩、ニュアンスを活かした成熟した大人の表現へ。われわれはそれを魂動デザインの進化と捉えているし、「よりシンプルに、より豊かに」という日本的美意識の具現化だと考えている。その理想形が先日の「マツダデザインナイト2017」で発表した〝マツダエレガンス〟というスローガンの境地なのである。

ビジョンの具現化で問われる真価

RX‐VISIONとVISION COUPEを皮切りに、魂動デザインの次世代はどこに向かうのか？　ひとまず門の両端は作ってみたが、その向こう側に何があるのかは私にはわからない。日本の美意識を極めた車というのは存在するのか。この先にはたしてゴールはあるのか。

もちろん私にはそれを見届ける使命がある。今はまだ「これで魂動デザインは完成した」というところまで到達していない。きっとものづくりに携わる人間はどこまで行っても満足できないし、一生モノを作り続けるのが宿命なのだろう。

この2つのモデルに関しては、それぞれ嬉しかった思い出がある。

RX‐VISIONについては、とあるイタリア人から「和を感じる車だ」という感想が聞けたことである。RX‐VISIONをイタリアで展示したとき、車好きの紳士が近づいてきて「これはどこのデザインだ?」と尋ねた。私は「マツダだ」と答えた。「あなたの立場は?」「マツダのデザインのヘッドだ」……そんな会話をしていると、彼は「私は何度か日本に行ったことがあるが、そのときに見た風景をこの車に感じる」ということを言いはじめた。彼は日本の寺に足を運び、日本庭園を見て、静かだが気持ちが引き締まる感覚を覚えたのだという。彼は私に「そういう意図を込めたのか?」と訊いた。私は「込めたよ」と答えた。

その紳士の言葉は本当に嬉しかった。自分が車に注ぎ込んだメッセージをちゃんと理解してくれている。国籍は違っても繊細なニュアンスを受け止めてくれている。

RX-VISIONというのは不思議な車で、このようにイタリア人から「和を感じる」と言われる一方、日本人からは「イタリア車みたい」と言われたりする。ちなみにRX-VISIONを見て「和を感じる」と言った日本人はほとんどいない。灯台下暗しではないが、日本人というのが一番和を感知しにくい国民なのかもしれない。

VISION COUPEについては、社内の人間が東京モーターショーに来場した人たちの書いたブログをまとめて見せてくれた。そこにはありがたい言葉が並んでいたが、私がもっとも惹かれたのは、「ずっと見ていても飽きなくて、光のリフレクションが美しくて、ターンテーブルで回っている姿を何時間も眺めてしまった」と書いてある記事だった。そしてそのブログの最後は、「立ち去るとき『ああ、日本だな』と思った」という言葉で締められていた。

これみよがしに「日本です！」と伝わるのではない。去り際にフッとなんとなく気配が立ち昇る——私が嬉しかったのはそれが伝わっていたことである。控え目で、抑制され、しかしほのかに薫りたつ。車本来のカッコよさをまといながら、通り過ぎる瞬間に「なんかちょっと日本っぽいな」と後ろ髪を引かれるバランス——それが私の求めていたものであり、その奥ゆかしさこそ日本的なエレガンスなのだ。

そうした反応に一喜一憂しつつも私がこの章の最後に言いたいのは、われわれの次世代デザインの真価が問われるのはこれからだということである。これまでビジョンモデルでしかなかったRX-VISIONやVISION COUPEをベースに、今、社内では市販用車両が作られている。それはやがて工場で量産され、ユーザーの手に渡り、街や道路を走り出す。

そのときこの国の風景はどう変わるのか？　ドライバーや街往く人たちは何を感じ、どんな感情を抱くのか？　日本に日本らしい車が放たれたとき、この国で発生する化学反応こそわれわれが待ち望んでいるものであり、きっとそこでの反響や歓声が魂動デザインをさらに次の段階へと連れて行ってくれるはずだ。

第 6 章

情熱、執念、愚直

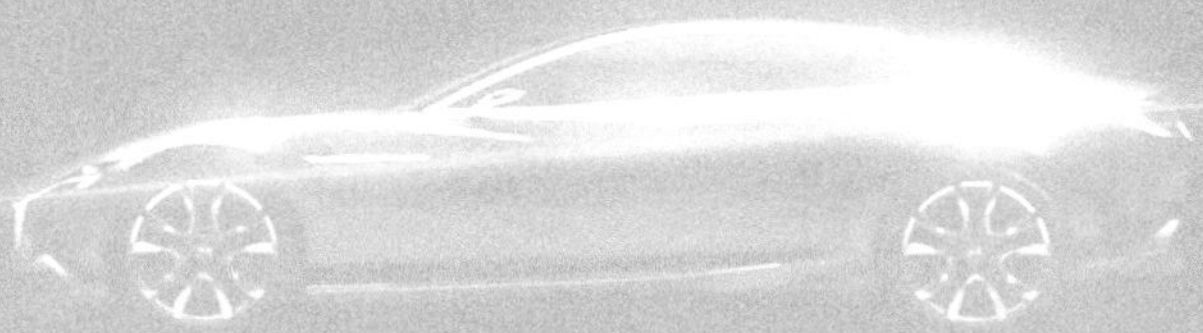

「これしかない」まで突き詰める

これまで魂動デザインにまつわるさまざまな要素について書いてきたが、いよいよ終盤に近づいてきた。この章ではデザインに関する話題の中でも本質中の本質のテーマからはじめようと思う。

私にとっていいデザインとは何か？

これは難しい質問だ。同じ質問を海外のメディアからもよく受けるが、いつも答えに苦労する。それは哲学的であり観念的な話だ。いささか質問が抽象的すぎるし、どんな解釈も許される。だが同時に、デザインを生業としている者にとっては無視して通れない命題でもある。

私にとってのいいデザイン——それはデザイナー本人が「これしかない」というところまで突き詰めて出してきたものである。顧客のニーズや世の中のトレンドとはまた別の話になる。作り手が考えに考え、悩みに悩んだ末に導き出したたったひとつの解こそがいいデザインだと思うのだ。

そもそも〝いいデザイン〟なんてものは存在するのか？　そんな疑問もぶつけられる。結局デザインというのは好みの問題ではないのか。個人の趣味に収斂する話ではないのか。だったらデザインには好悪こそあれ、優劣など付けられないのではないか——そう考える向きもあるようだ。

その答えに対し、私もある部分ではYESと思う。おおまかなデザインの方向性、テイストについては個人の好き嫌いが左右する。これカワイイ。これカッコいい。これ美しい。これキライ……そこに他人は口を挟めない。好き嫌いでは個人の感覚こそ絶対である。

しかしテイストの違いとは別に、デザインの質についてはプロしか作れない領域というものがある。クオリティの絶対値というものは確かに存在する。

たとえばデザイナーでも職人でもいい、あるひとりの作家がものづくりに没頭する。彼は自分の引き出しをすべて開け、持てる技術の限りを尽くし、「これが限界だ。自分はこれ以上のものは作れない」というレベルの作品を創作する。その作品は外から見ても、ある種の異様なオーラをまとっていたりする。作家の情熱が乗り移り、こちらに向かって訴えてくるものがある。

見る者の好き嫌いを超越する圧倒的な存在感。感覚的な判断基準を無力化する異次元のインパクト——そう考えると、私のデザインの理想は、「これカワイイ」でも「これカッコいい」でも「これ美しい」でもなく、ただ「これすごい」と言ってもらうことかもしれない。有無を言わさず魅了するもの、言葉を失くすほどの感動を呼び覚ますもの――そういうものでありたいと思うのだ。

ものづくりに携わる人間としての自己愛とロマンを承知で言えば、私にとって好き嫌いのレベルを超えた絶対的な存在こそが〝いいデザイン〟であり、美の黄金律もきっとどこかにあるはずだと信じている。シンプルに美しく、ひたすらにカッコよく、周囲が追いつけないくらいぶっちぎっていたい――デザインの世界でそれを求めてしまうのは、やはり私が根っからのドライバーで、なによりもレースを愛する人間のせいだろう。

ものを簡単に作らない

そんな私の立場から今後の日本のものづくりについて提言させてもらうなら、まず「ものを簡単に作らない」ということを訴えたいと思う。そして職人たちが持つ手技に対してもっと尊敬の念を覚えるべきだと思う。人の心を動かすような美しいもの、素晴らしいものというのはそれほど簡単に手に入るものではない。それを生み出すためには時間もかかるし手間もかかる。技術も必要だし、それを継承する若者の養成もまた必要だ。まずは当たり前の前提を心に刻むことが第一だろう。

そして次に考えなければならないのは、これまで効率最優先で進めてきたやり方を見直すことである。とにかく効率、効率と、日本のものづくりはひたすら効率を追いかけてきた。ムダをなくし、遊びを削り、利益の最大化に邁進してきた。それによって日本の産業界がおおいに潤ったのは事実だが、効率最優先の行き着く先に待っていたのは一体何だったのだろう？

前にも述べたが、日本の自動車産業が誕生してほぼ100年が経つ。それは欧米と肩を並べるほどの長い年月であるが、しかし今、日本と海外の間には自動車〝文化〟において一朝一夕では埋められないほど大きな格差が付いてしまっている。私はそれを思うたびに悲しい気分に襲われる。それはこれまで日本の産業界が、自動車をめぐる文化の醸成に充てるべき時間をすべて効率化につぎ込んできたことを意味する。自分たちのルーツを顧みず、技術者の技能に敬意を払わず、販路の拡大と目標台数の向上にひたすら力を注いできた。ずっと〝商品〟としての車を追求するばかりで、〝作品〟としての車はないがしろにされてきた。そうした選択の結果が、ここにきて目に見える形で表れているのだ。

マツダももうじき創立100周年を迎える。皮肉なことに、これまで日本が世界を席巻してきた効率至上のやり方で、今われわれは追い抜かれようとしている。「歴史は繰り返す」ではないが、より強大で、より勢いに満ちた新興国にかつて築いた地位を奪われようとしている。ならば今この瞬間こそ日本は立ち止まって、過去を見つめ直すタイミングではないだろうか。私たちがこれまで見過ごしてきたものは何なのか？　私たちは何を見失ったために、今このような事態に陥っているのか――？

金銭以外の価値について考えることをしなかった。カスタマー最優先を掲げ、ものづくりでは妥協を繰り返した。目まぐるしく移り変わるトレンドを創出しながら、自らそれに振り回されてきた。自分たちのオリジンを継承するどころか破壊してきた。だから何の蓄積もないまま今を迎えてしまった……反省すべき点は数多い。耳が痛いことばかりだし、冷静に考えれば絶望的な気分になりそうだ。

しかしそこから目をそらさず、痛みに耐えて向き合わなければ、今グローバル市場で起こっているものづくり革命の荒波の中で生き残っていくことはできない。

「モビリティ化」の時代

私は「グローバル市場で起こっているものづくり革命」と書いたが、それはまったく大げさな表現ではない。特に車に限って言えば、現在自動車業界はガソリン車が誕生して以降130年の歴史の中でもっとも大きなターニングポイントを迎えているところだ。

それはどういう意味か？　簡単に言えば、車が個人の所有物から公共の乗り物へと移行しようとしているのだ。最近のニュースで、カーシェアリングだとか自動運転といった言葉をよく聞かないだろうか。たとえば昨年末には、あのアメリカの配車サービス大手・Uberがボルボから2万4千台のSUV車を購入、自動運転サービスの構築を図るというニュースが飛び込んできた。今年に入ってからも、各社がモビリティサービス事業への参入や事業計画を発表。移動や物流、物販の常識がダイナミックに変わる未来図があちこちで熱く語られている。

これらはいわゆる〝MaaS（Mobility-as-a-Service＝モビリティのサービス化）〟と呼ばれる動きに当たる。北欧フィンランドが発祥で、電車、バス、自動車などの交通手段を統合し、その情報公開、予約、決済などのシステムをインターネット上のひとつのプラットフォームで済ませてしまおうとする試みである。つまり交通手段をスマートフォンで管理できるようにすることで、個人が乗り物の所有から解放され、サービスとしてのモビリティ（移動手段）を利用するという流れを作ろうとしているのだ。

それがどうして自動車産業にとって史上最大のターニングポイントなのか？　それはこの動きによって「個人が車のオーナーになる時代」が終わってしまう可能性があるからだ。これまで、おおむね自動車は個人に向けて販売されてきた。個人の環境やニーズに合わせ、さまざまな機能が開発され、設計が行われてきた。それはクライアントが個人であるがゆえになされた努力であり、われわれはどこかの国の誰かに「この車、ほしい」と思ってもらうために〝いい車〟を作り続けてきたのだ。所有することで喜びを感じられる車を、いつか〝愛車〟と呼ばれるほどの存在になってほしいという願いを込めて世に送り出してきたのだ。

しかし、ＭａａＳは車と人の関係性を一変させる。考えてみてほしい。カーシェアリングが一般的になったとして、自分のものではない共有された車に人は愛着を持つだろうか。機能性が最重視されるモビリティ化の進んだ車に、作り手の思い入れやオンリーワンのデザインは必要だろうか。

ＭａａＳが推し進めていく未来で車は完全に移動のための道具になる。これまでも車は移動のための手段だったが、より無記名な道具と化す。もしかして今後はモノというより〝交通サービスや物流サービス、宅配サービスの一部〟といった認識の方が近いものになるかもしれない。そうなってくると車の意味合いは変わっていく。オーナーの愛情とか長年乗り続けたことによる思い出とか、そういった感情の入り込む余地はどんどん少なくなっていく。

これまでわれわれは「精魂込めて車を作り、それを求めてくださる方に届ける」というビジネスモデルで生きてきた。道具としての機能性はもちろん、「Ｚｏｏｍ‐Ｚｏｏｍ」に代表されるワクワクやときめき、車を運転することの歓びも含めて提供していきたいと思ってきた。

しかし、これからは車に愛情を持たない人に車を売ることがビジネスの主流になるかもしれない。それはマツダとしても会社の根幹に関わる重大な転換点である。

車好きはいなくならない

現在、車のモビリティ化は押し止めることのできない全世界的な潮流になっている。これは地球環境のことを考え、世界の自動車関係者が協議しながら進めている流れだ。マツダも「サステイナブル〝Ｚｏｏｍ‐Ｚｏｏｍ〟宣言２０３０」の冒頭で、「環境保全の取り組みにより、豊かで美しい地球と永続的に共存できる未来を築いていきます」と謳っている。この流れは自動車業界にとって義務のようなものであり、われわれもその中の一員として誠実に努力していくつもりだ。

ただし〝地球〟〝社会〟を大事にすると同時に、われわれは〝人〟もまたおろそかにしたくない。たとえ車のモビリティ化が進んだとしても、人々の心に充足感を提供することで心の健康に貢献したいというビジョンは変わることがない。やはりわれわれの軸足は精魂込めたものづくりにあるし、追求すべきは人と車がひとつになって生み出す〝人馬一体〟の躍動感にあるのだ。

新たな時代へ移行しつつある現在、マツダが生き残る道はひとつしかないと思っている。おそらく世の中の大多数は車のモビリティ化に流れるだろう。近い将来、多くの人にとって車は単なる足となり、共有されたインフラの一部を必要なときだけ使うという形に落ち着くはずだ。しかし、そんな状況になっても「現状に満足できない」という人は必ず現れる。「ときには車を走らせることそのものの歓びを感じたい。優れたエンジンの振動による快感、突き詰められたデザインを堪能すること……それに乗るだけで幸せになれるような車とともに、思い切りドライブを楽しみたい」——そう考える個人というのは世界に絶対いるはずなのだ。

この話題になったとき私がいつも例に出すのは、時計業界にデジタル時計が出てきたときの話である。あのとき時計デザイナーは「自分たちの仕事は終わった」と観念したという。

なぜなら絶対に狂わない安価な時計が大量生産されたのだ。おまけにデジタル時計は面倒な手巻きの必要もない。時間を知るための必須アイテムだった機械式腕時計など、絶滅するのが当然だろうと誰もが考えていた。

しかし腕時計は死ななかった。自分なりのおしゃれを楽しむ際のファッションアイテムとして、自身のステイタスを静かに噛みしめるための嗜好品として今もしっかり生き続けている。腕時計はいわば宝石のようなポジションに入ることで、サバイバルをはたしたのだ。数は少ないかもしれないが、車好きの中にガソリン好き、エンジンのトルク音好きがいるように、時計の世界にも歯車好き、秒針が刻むカチカチという音を好む者は存在する。彼らは大枚をはたいても腕時計という道具を買おうとする。彼らはもはや機能性ではなく、自分自身の愛着のためにそのモノを獲得したいと願うのだ。

その感覚は私にもよくわかる。人間は道具を使うことで猿からヒトへと進化したのであれば、そんなに簡単に道具を愛する気持ちがなくなってしまうとは考えられない。道具は確かに機能のために用いるものだが、人は便利さ以上の魅力というのも本能的に道具に求める生き物であるはずだ。

さらにこれは個人的な話になるが、私自身もやはりエンジンの鼓動が感じられる車に乗りたいと思う。地球環境への対応策として電気自動車の必要性は十分認識しているし、ひとつのジャンルとして成長することを願っている。しかしわれわれが突き詰める道は、おそらくそこではない。

　結局、私にとって重要なのは、エンジンの構造であり〝火が入る〟ということなのだ。エンジンとモーターでは立ち上がり方が根本的に違う。モーターは電気なのでゼロから一気に立ち上がり、上の方で安定する。ゼロかイチか、オール・オア・ナッシングというところがある。しかしエンジンは放物線を描くように上昇する。着火した後、低速で力をため、加速しながらじわじわとピークに向かっていく。そのイグニションの瞬間、そしてアクセルを踏みこんで得られる推進力は、どこか人の感情が盛り上がっていく過程とシンクロする。

　ドライブに出かける際、まるで仲間のように寄り添ってくれる親密なパートナー。私にとっては、その車がエモーショナルなものであることがすべてなのだ。それはマツダの哲学とも一致する。今後もマツダは、世界の中で数％の割合かもしれないが、しかし確かにいるはずの〝真の車好き〟に向かって、車を造り続けていくことになるだろう。

合言葉は〝執念〟

そういう視点で見てみると、マツダというのは実にエモーショナルな会社である。デジタルかアナログかで言うと、明らかにアナログ。合理主義、効率主義は基本にあるものの、実際の現場ではそれを平気で超えていく精神主義、理想主義が横行していて、とにかくロマンチックなところがある。それはロータリー・エンジンの開発からドライビング讃歌を唱えたブランドメッセージ「Ｚｏｏｍ‐Ｚｏｏｍ」の策定に至るまで、会社を貫く血脈として創業以来流れ続けている。

そこに属するわれわれマツダデザイン部もまた例外ではない。幾多の賞に輝き、洗練されたデザインを発表してきたことで、スタイリッシュで知性的な集団のように見られることもあるが、それはただの一側面に過ぎず私としては恐縮するばかりだ。

そもそもマツダデザインが掲げている合言葉が何かご存じだろうか？　それは〝執念〟――今どきどんな町工場でも使わないし、近所の少年野球チームの監督でも言わないような泥臭い言葉が最高の美徳とされているのである。さらに部内では〝変態〟〝おかしいヤツ〟という呼称も平気で飛び交っている。もちろんそれは相手を否定する表現ではない。むしろ最高のリスペクトが込められた言葉である。変態を認める社風があるからこそスタッフは遠慮なく変態でいられるし、振り切った仕事ができるのだ。

今のマツダにはそうした変態がゴロゴロいる。情熱的で、負けず嫌いで、頑固者で、凝り性で、飛び抜けた技術を持っていて、なおかつ理想に燃える熱い連中が集まっている。これまでもマツダの伝統としてそういう人間は常にいたが、面白いことに今はそういうキャラクターが各部門のトップに顔を揃えている。彼らは一癖も二癖もあるアクの強い人間ばかりで、その志は隣にいても伝わってくる。

私はマツダのDNAを探っていった話の中で、「大事なものは常に外ではなく自分たちの内にある」と書いた。企業としての武器やブランド価値を上げる施策というのは外からポンと持ってきて据えつけるものではなく、企業の内部にあるものをいかに掘り起こし、活性化させるかにかかっていると説いた。無理やり変えようとしても変わらないのが血であるし、ならばそれを活かしていくしか道はない。

それに照らせば、人間臭い社員がいきいきと仕事に打ち込めるこの風土こそ、マツダの宝であり血なのだろう。ロマンを貴び、挑戦を続け、常に一番ピンを狙っていく。それはマツダのブランドであり個性であり、結局そのような会社にはそのような人間が集まってくる。

今のマツダはそうしたマツダらしいキャラクターが見事なまでに結集した状態だと言える。SKYACTIV TECHNOLOGY、ものづくり革新、魂動デザイン……これまでバラバラだった点が集まり線になる。そして互いに刺激し合いながら面になる。マツダは今、マツダらしさを増幅しながら、未来に向けてスピードを上げているところだ。

チャンスであるがゆえのプレッシャー

私の話も終わりに近づいてきた。最後は魂動デザインの今後、私が将来に対してどのようなビジョンを持っているかについて綴っていこう。

まずは魂動デザインの未来について。魂動デザインに関しては、これからまさに2巡目に入っていく。RX‐VISION、VISION COUPEという次世代ビジョンモデルから順次市販車両が作られていく。それがどのような反応をもって受け入れられるのか。まずはそこが焦点になる。

2巡目のデザインというのは本当に難しい。たとえ1巡目で高く評価されたブランドであっても、2巡目に入って失速するということはしょっちゅうある。その原因は、1巡目のクオリティが高いがゆえに2巡目に対する期待値が上がったり、1巡目の成功を引きずって守りに入ってしまったりとさまざまである。そもそもモデルチェンジとは根本的に過去の作品を全否定しなければいけないという意味で、作り手にとって残酷なものなのだ。

魂動デザインという不動の哲学を守った上で、勇気をもって攻めの表現を打ち出していけるのか。今の勢いを減速させることなく、再び盛り上げていけるのか——。

私の中で危機感は常に消えることがない。魂動デザインがスタートした当初は、「マツダのデザインをなんとかしなければ」「日本人がリーダーになったからマツダのデザインが悪くなったと言わせたくない」という想いが中心だった。しかし今、私の中にあるのは「絶対にこの成功を持続させていきたい」という強い執念である。

組織論のところで私は、「成功体験というのは二度三度と連続して生み出すことで加速度的に信頼感や熱狂度が上がっていく」ということを書いたが、それは見方によっては真実の半分しか記していない。確かに、成功体験を続けることで組織は強固な一体感を得る。しかし裏を返せば、一度でも失敗してしまえば信頼や熱狂というものは簡単に消えてしまうということだ。魔法はすぐに解けてしまう。「これが正しいんだ」と思っていた確信は「本当にこれでいいの?」という疑心暗鬼に変わり、一枚岩の結束はみるみるうちにトーンダウンしていく。ブランドというのは積み上げるのは大変でも失うときは一瞬、あまりにもろいものなのだ。

だから失敗は一度でも許されない。一度の失敗は階段を3段も4段も落ちてしまうことに相当する。ただし、もしもこのまま進み続けることができたら……そのときは今いる場所から何段階も一気にステップアップできるかもしれない。〝自動車企業〟ではなく〝自動車ブランド〟として認めてもらえる存在になれるかもしれない。

今、私の双肩にのしかかっているのはピンチゆえのプレッシャーではなく、チャンスであるがゆえのプレッシャーだ。マツダは自らのブランド価値を上げる最大のチャンスを迎えている。それは私にとっても会社にとっても、待ち望んでいた大勝負だと言えるだろう。

最終目的地はどこか？

最後に――私にとっての究極の場所、最終的な目的地というのはどこなのか。

それはマツダというブランドを、世界の名車たちが居並ぶ場所まで引き上げることである。私が望んでいるのはそれしかない。実に簡単なものである。

直近の目標は2020年――東京オリンピックが開催され、多くの人々の記憶に刻まれることになるこの年、マツダは創立100周年を迎える。私はそこをひとつのメルクマールとして、ブランド様式を構築する作業をひとまずすべてやり終えたいと思っている。もちろんこの先2年程度で、スタイルが完成するとは思っていない。完成はきっとまだまだ先——もしかしてそれは永遠に完成することはないかもしれない——になるが、とりあえずすべてのジャンルに着手しておきたい。これからマツダが磨き上げていくべき要素をテーブルに並べ、未来を継いでいく人たちに宿題を出すところまではやっておきたいと思うのだ。

それにしても、だ。

私はどうしてここまでマツダのことが気になるのだろう。父から続くマツダ家系のせいなのか、会社の哲学を盲信してしまっているだけなのか、それともそこに自分自身を重ねているのか……答えは自分でもわからない。しかし私の中の生きる目的、生涯の夢のようなものが、マツダという企業と切り離せないほど一体化してしまっていることはわかる。

私は一度でいいから、この手のかかる子どものような存在に晴れ舞台を踏ませてやりたい。まばゆい世界の頂点に立って、栄冠を手にしている姿が見たい。

これまで彼はしょっちゅう失敗して、悔し涙に濡れてきた。野心はあって、アイデアもあって、行動力まであるのだが、すぐに飽きて放り出してしまうという悪癖があった。あまのじゃくで、一匹狼で、いいところまで行くのだが必ず最後にドジを踏んでしまうところがあった。そしてたまにうまくいっていると思うと、決まって不運に襲われる。

そんな彼の体たらくが、私には悔しくて悔しくて仕方がない。「いつまでこんな場所にいるつもりだ。もっと上に上がっていこう！」と思わずハッパをかけたくなる。

逆境に負けず、悔しさに負けず、いつか一流になってほしい。いや、私が生きている間に絶対おまえをそこまで連れて行ってやる――私が考えていることは本当にそれしかない。その得体の知れない欲望が私を突き動かし、行動に駆り立てているすべてなのだ。

今度こそ彼はまっすぐ頂点まで歩いて行けるだろうか？　誰も到達したことのない場所まで、挫けることなく、投げ出すことなく、力強い足どりで歩を進めていけるだろうか？

ブレることなく私も行こう。愚直に、しつこく、妥協なく、彼と一緒に歩いて行こう。これまでもそうしてきたように――。

われわれはきっとそれしかできないのだから。

特別対談

未来はすべて過去の中に

谷尻　誠 × 前田育男

サポーズデザインオフィス

広島にいても世界に通用するものを作れることを証明したい――谷尻

――関東マツダ目黒碑文谷店（2015年オープン）、そして関東マツダ高田馬場店（2016年オープン）は、マツダの新世代を担う店舗であり、ともに設計を手掛けたのが、谷尻誠氏が吉田愛氏とともに代表を務めるサポーズデザインオフィス。両者がタッグを組んだきっかけとは？

前田　マツダは当時、新しいブランドスタイルに沿って販売店をリニューアルしていきたいと考えていて、一緒に取り組んでくれる建築家の方を探していたんです。できれば広島の方で、われわれのテイストを理解してくれる人はいないかな、と。谷尻さんたちは広島の建築設計事務所の中でトップですから、当然すぐに候補に挙がり、会いに行きました。

谷尻　わざわざ会社まで来てくださったんですよね。

前田　サポーズデザインオフィスは作風が自然体なのがよかったんです。建築家の人の中に

は極端にとんがりすぎている人もいて。だけど谷尻さんたちは、アーティスティックでありながらも環境になじむものを作っておられて、そこが一番のポイントでした。

谷尻　マツダさんとは職種こそ違いますけど、マジョリティとマイノリティの狭間を〝揺れ動く〟作業というのは共通していると思ったんです。僕たちはお互いモノを作る人間ですが、それが〝作品〟に寄りすぎると単なるエゴになってしまいますし、かといってマジョリティにすり寄ったからといって売れるものが作れるとは限らない。作品性がないわけでもないけれど社会性もなければいけない……そのバランスが難しいんですよね。

前田　まさに、そういう微妙な感覚がわかる人を探していたんです。われわれは車を作る立場ですが、「車はアートのひとつだ」という想いを持ちながらも、やはり社会性を帯びた道具ゆえに独りよがりな作品にはできないという側面を抱えていて。それでいざお目にかかると、話しやすくて話も合うので、人柄に惚れて決めたところもあります。

――依頼が来る前、谷尻氏はマツダという会社をどう見ていたか？

谷尻　やっぱり広島を代表する会社というところですね。僕は広島生まれ、広島育ちで、今も事務所のヘッドオフィスは広島に置いています。正直に言うと、事務所機能を全部東京に移した方が仕事の効率はいいと思うんです。だけど広島という場所に拠点を置きながら世界に通用するものを作れた方が、価値があるんじゃないかという想いがあって。もしかしてそれは〝いなかっぺ根性〟なのかもしれないけど、「別に東京にいるからいいものが作れるわけじゃない。どんな場所にいても、自分たちがいい創作を行っていれば必ず世界に通用するはず」ということを証明したいと思っているところがあるんです。それはマツダさんも同じなんじゃないかな、と。

前田　東京はアーティストにとってノイズが多すぎるところがありますよね。だから広島にわれわれのオフィスがあることは、そんなに悪いことじゃないと思うんです。世間を無視してわが道を突き進めるというか（笑）。

谷尻　その場にいると、そんなつもりはなくても自然と周囲の動きに流されてしまうところがありますから。自分と向き合うには、静的な時間と動的な時間が混ざり合っている広島くらいの街がちょうどいいような気がします。

スーパースターに対しても、「すべておまかせします」というオファーは絶対しない　——前田

——マツダから連絡が来たときは何を思ったか？

谷尻　僕は職業柄、モノをデザインの側面から見ますけど、マツダさんの車がどんどん美しくなっていることは肌で感じていました。同時に広告も洗練されてきて、そのタイミングでお手伝いさせてもらえることは本当に光栄だと感じました。ただ、その中でひとつ気になっていたのが、車はあんなに素晴らしいのにどうしてそんな美しい車を何の変哲もない場所で売っているんだろうと……。

前田　はははははは。

谷尻　僕がお客さんの立場になって考えたとき、これだとテンションが上がらないなぁと思ったんです。どこで車を買うのかって、どのレストランで食事をするかと同じくらい大事じゃないですか。どんなにおいしい料理が出されても、店の雰囲気がイマイチだとあまりおいしく感じられませんよね。それと同じだと思うんです。素晴らしい車を手に入れる晴れの舞台なのに、平凡な店で「はい、コレ鍵ね」って渡されるだけだと……車が素晴らしいぶんガ

クッて来ちゃいますよ。

前田　そのことはずっと課題だと思っていたんです。自分たちの作品として精魂込めて車を作っているのに、販売店のガラスにはポスターがベタベタ貼られていて、肝心の車が見えなかったりするんですから。さらに中に入るとテーブルの上にはパンフレットが散らかっていたりして……当時はブランドの様式を作りはじめた最初の頃で、会社として本腰を入れて全国の販売店を変えようという動きにはまだなってなかったんです。だから、「最初にこっちでグッと心をつかむものを作って、この動きを軌道に乗せてやろう」という作戦に出たんです。マツダという会社は「これはいい！」という現物を見せると、一気に動きが加速するところがありますから。

谷尻　それでお会いしたのが２０１２年後半。とにかく時間がなかったですね。

前田　実は、こちらから依頼する際に心掛けていたことがひとつあります。それはどんなスーパースターに頼むとしても、「すべておまかせします」というオファーは絶対しないということ。やっぱり大事なのは一緒に作るということですから。私の中にもイメージはあるし、当然彼らにはプロとしてのイメージがある。それを合体させないと本当に希望する作品にはならないと思ったんです。こちらは素人だから大半はプロに任せるけれど、思い描いている大きなイメージは共有するように心掛けました。

——ここでも〝共創〟と呼ぶべき手法を用いた？

前田　だから谷尻さんたちには最初にマツダに来てもらって、「マツダのデザインはこういうことをやってます。こんな車の作り方をしてます」というレクチャーを聞いてもらいました。

谷尻　それと同時に今の自動車業界はどうなっているのか、それに対してマツダさんのアプローチはどうなのか、といったお話を聞かせていただいて。だとすればこういう色で、こういう材料がいいのでは……とロジックを組み立てながら作っていった感じです。

前田　その中でも一番強くお願いしたのは、「上質な印象は持たせつつ、敷居はともかく下げてくれ」ということ。入りにくい店舗だけは作らないこと。それが前提でした。

谷尻　僕はその言葉を聞いて、ちょっと品のいいカフェを作るような感覚がいいんじゃないかと思ったんです。そもそも自動車販売店って車を買わないといけない雰囲気があるじゃないですか。買わずに帰ると、来ているこっちが申し訳なくなるような感じというか。そういうよっぽどの覚悟がないと足を踏み入れられない場所から、もっと気軽に入れる場所になればいいと思って。フラッと来て、コーヒーを飲みながら車を見ていると、だんだん車に親近感を覚えて心を奪われていく——そういうコンディションを作るためには、ショールームを作るというよりカフェを作るという感覚の方が合っていますよ、という話をさせていただきました。

前田　谷尻さんからそういう店にしたいという提案を受けて、そうだよね、と。敷居を下げるというのはつまりそういうことなんですよ。

制約があったとき、人はそれを解消しようと創造力を発揮する——谷尻

谷尻　あと、素材として木材を使ったんですけど、自動車メーカーで木を使っているところって他にないんです。マツダさんのレクチャーを受けたとき、作品が洗練されている一方で、ものすごく泥臭い作業もされているという話をうかがって。車ってハイテクなイメージがあったけれど、手で粘土を削ったりとか、めちゃくちゃ地道なこともやっておられるんですよね。なので、洗練の中にもやすらぎが感じられる空間の方が似合うんじゃないかと思ったんです。

前田　今、泥臭さと言ってくれましたが、本当にその通りです。われわれは人間に寄り添いたいんです。作っている車も生き物に近いし、作る手法も人間臭い。人間から離れたものを

作ってしまうとデザイン的にも存在的にも絶対環境破壊につながりますからね。そういったイメージを販売店でも出したかったので、彼らの提案はバッチリでした。

谷尻　僕が思うに、マツダさんって〝ツンデレ〟なんですよ（笑）。ほとんどのメーカーは〝ツンツン〟だと思うんです。あるいは〝デレデレ〟。オシャレな車はやっぱり高価だし、安い車はまさにカジュアル。だけどマツダさんはハイブランドとしての顔を持っているのに、値段を見ると意外とリーズナブル。その洗練具合と泥臭さ、品質と値段のギャップっていうのは魅力のひとつだと思いました。

――実際の〝共創〟作業はどういうふうに進んだか？

谷尻　この空間は車が主役なので、とにかく建物が主張しないようにしました。あくまで車を入れる器として作ることを心掛けました。

前田　「主張しない」と言いながら、谷尻さんは結構主張してくるんです（笑）。それをギリギリで抑えていくのが私の役目。彼らの主張を少し抑えたところがちょうどいいバランスだったりするんです。

谷尻　たしかに、前田さんからアドバイスをいただきながら進めていきましたね。

前田　ただ、そこで全部抑え込んで普通のものを作ってもらっても面白くない。谷尻さんたちの個性は必要だし、人々の記憶にも残したい。だけど車の邪魔をしてしまうと本末転倒なので、それはやらない。販売店の機能をきちんと持たせることも鉄板で守る。彼らのポテンシャルを引き出しつつ、全体としてもきちんと機能させるというのがプロの仕事ですよ。

谷尻　モノを作る作業って、あまり自由すぎると新しいものは生まれないですからね。人って制約や負荷がかかったとき、その制約や負荷を解消しようとしてクリエイティブな能力が活性化すると思うんです。前田さんはほどよく負荷をかけて、考える側のクリエイションのトリガーを引いてくれました。

前田　負荷はたくさんかけたかもしれないですね（笑）。

谷尻　でもイヤな想いは一度もしなかったですよ。「これについて考えてみて」って言われたら、僕らはなぜ前田さんがそう言ったのか探りますし、「だとすればこういうやり方で解決できるんじゃないか？」と考えて提案しますし。常にちょうどいい負荷がかかったまま、頭の筋トレをしていたみたいな感じです（笑）。

判断は全部直感で一瞬。あまり考えるとロクな結論にならない ―― 前田

――共同作業中、前田氏に言われて印象に残った言葉は？

谷尻　前田さんは感覚的に話をされるんです。普通は「こうだからこうしてください」みたいにロジックで話す人がほとんどですが、前田さんは美しいかどうかがすべて。その根底にあるのは美意識しかないじゃないですか？　具体的な言葉というより、美意識を優先される方という印象が一番強いです。

前田　確かに、直感的にイヤなものはイヤって言っていましたね。

谷尻　そこが面白かったんです。まるで学生が大学の教授に作品を見せて、クリティーク（批評）してもらっている感じというか（笑）。でも、美意識でものを決めるって怖いことですよ。本当は好き嫌いで選ばずに、ロジックで決めた方が絶対安心感はあるはずなんです。「ここはこうだからこっちがいいはずだ」って。だけど判断基準はあくまで自分の美意識……だからこそマツダにはファンがつくし、それは大衆に迎合してないことの表れですよ。

前田　あるレベルまでは美しいものの原則ってあるはずなんです。だからそこまではロジカルに追求していくけれど、そこから先は個人の美意識や好き嫌いの世界に入っていく。ベースができていない段階で「好きか嫌いか」ってやっちゃうと作品がブレるけど、ロジックがあれば一定レベルまでは確実に行けますから。そのレベルまでは好き嫌いではありません。

谷尻　事務所でもよく「『なんかいいよね』は無敵だよね」って話をするんです。「こうだからいい」というふうに理詰めでものを考えていくと、最初の〝こう〟がダメになると全部ダメになるじゃないですか。だけど「なんかいい」の場合は、一ヶ所ダメになっても「でも、まだいいよね」となる。それはロジックの先にある美意識とかセンスでしかないんです。

前田　きっと基礎の土台っていうのは、もう頭の中に築かれているんです。その前提さえあれば、あとは何を載せてもいい。だから私は基本、直感ですよ。判断は全部直感で、しかも一瞬。あまり考えるとロクな結論にならないので（笑）。

谷尻　早くしないといけないスケジュールだったというのもありますけど（笑）、ジャッジは本当に早かったですね。前田さんの場合は、日頃からいろいろ考えておられるから間違いのないジャッジができるんですよ。僕らはよく、「良い生活者が良い建築を作る」と言っていますが、普段の生活の仕方やものの見方がきちんとしているからこそ、直感が研ぎ澄まされるんだと思います。

事務所では「〝Yes, and…〟にしようね」ってよく話すんです ―― 谷尻

―― 両氏には共通点が多い。谷尻氏が自身のことを「建築界では異端でありチャレンジャー」と言うが、マツダという会社も自動車業界では異端でありチャレンジャーでは？

谷尻　僕は大学に行かなかったし建築の師匠もいないので、チャレンジャーにならざるをえなかったんです。有名大学出身で優秀なアトリエを経て独立というようなサラブレッドと戦うとき、昔は自分の経歴がコンプレックスでした。だけど、まわりなんて気にせず自分らしくやればいいんだと思えるようになってからはすごくラクになりましたね。

前田　私は自分のことをあまり異端だと思っていないんです。まわりは異端だと思っているかもしれないけど。それより、私と彼の一番の共通点は負けず嫌いということ。私は自分で言うのもなんですが、本当に負けず嫌いで。

谷尻　それはひしひしと伝わってきます（笑）。

前田　谷尻さんもそこは近い。クライアントと出入りの業者という関係であれば、クライアントが「ここ、こう直して」っていう指示をすると、「はい、わかりました」と言ってその通りのものが業者から提案されてくるのが普通です。それで完成するのは大体こっちの想定内か、それ以下のものになるっていう……。だけど谷尻さんはそうじゃなくて、こっちがいろいろ注文を出したら一応吸収したふりをして、それを自分で咀嚼した上でまた違った角度から攻めてくるんです。

谷尻　ちゃんと吸収してますよ！（笑）

前田　その新たに出てきたものが想定を超えてよかったりすることが多いんです。「なるほど、そういう視点があるんだ」という発見があって。それが彼のクリエイティビティのすごいところだけど、私の言葉で言えば〝負けず嫌い〟ということ。ガーンと意見されたからといって、簡単に「はい、そうですか」って引き下がらないんですよね。

谷尻　一応、事務所の中では「〝Yes, and…〟にしようね」っていうふうに話しているんです。とりあえず最初は「はい、わかりました」と言っておこう、と。仮に「いや、違います」からはじめちゃうと、こっちが人の話を聞かないことになるし、そうなると相手も自分の話を聞いてくれなくなるじゃないですか。それが「なるほど、おっしゃる通りです」ってところからはじめると、相手にもこっちの話を聞いてもらえる環境を作れる。自分たちの意見を聞いてもらうためにまずは素直に受け止めよう、ということです。

前田　そして〝Yes, and…〟の〝and…〟で何を加えるかでクオリティが決まる。

谷尻　言われた注文をクリアするため、ハードルも1段階上がりますからね。まあ、自分が負けず嫌いだという側面は確かにあると思います……。

前田　クリエイターって負けず嫌いである一方、謙虚なところも絶対必要なんです。ものを作っているとどうしても自分中心になりがちで、そうなると自分の成長もそこで止まってしまいます。他人の言っていることを受け入れなくなってしまった瞬間からもう自分しか残らないわけで、その人はそこ止まりですよ。だから常に耳は謙虚でいることが大事。それを正しいと思おうが思うまいが、一応吸収して咀嚼することは私も心掛けています。

谷尻　「耳は謙虚」っていい言葉ですね。

前田　だけど「結果は負けない！」というね（笑）。

言葉の威力は絶大。もし誤った言葉を使うと末端まで波及する危険性がある ―― 前田

―― 両氏ともデザイナー、建築家という職種なのに言葉を大事にしている点も共通する。前田氏は〝魂動デザイン〟という言葉に辿り着くまで1年近く苦闘し、谷尻氏も言葉のアイデアからイメージを組み立てることが多いという。

谷尻　確かに普段のメモは絵より言葉の方が多いですね。

前田　私の仕事は想いを伝えることなので、そのために手段を選ばないんです。絵だけで伝えられればいいけれど、言葉一言の威力には絶大なものがある。絵は消えたとしても、言葉だけは後々まで心に残るということもありますからね。だから、逆に間違った言葉を使って

しまうとそれが末端まで波及してしまう危険性があるので、言葉の精度にはこだわらないといけないと思っています。

谷尻　僕の場合も「とりあえず言語にしてみる」というのはありますね。「今、僕たちがやろうとしていることは言葉で表すとどういうことなんだろう？」というふうに、プロジェクトを言葉に置き換えて考えてみたり。やっぱり言葉がないとチームとしてどの山に登ったらいいいか統率がとれなくなるんです。言葉が与えられることによって初めて「この山に登るべきだよね」というコンセンサスが形作られるというか。さらに建物が僕らの手を離れて社会に出たときも、言葉は残るんです。僕らのやろうとしたことが建物のコンセプトとして語り継がれていきますから。だから言葉についてはいつもかなり意識しています。

前田　言葉とカタチ、どちらにウエイトを置いているかと訊かれたら、圧倒的にカタチなんです。ただ、カタチを「あ、そうか」と納得させるために言葉がセットになっている。その言葉の説得力が非常に重要なんです。

谷尻　僕らの場合、最初にタイトルを付けて、キャッチコピーを考え、それから設計に入っていくパターンもありますよ。そうするとその建物にストーリーが生まれるんです。

前田　魂動デザインについては、最近は海外に行ってもみんな「コドー、コドー」と言ってくれます。魂動デザインという言葉が独り歩きしているような状況です。まあ、意味はわかっていないと思うけど（笑）。

谷尻　言葉が受け入れられるってすごいことですね。

前田　たぶん響きがよかったんでしょう。海外の人に「魂動」の意味を伝えるのはなかなか難しいですから。「コドー」という響きがエキゾチックで、ちょっと日本っぽい感じがして胸に刺さったのかもしれないですね。「Zoom‐Zoom」のように、〝サウンドロゴ〟としても機能している感じです。われわれクリエイターからすると、言葉の意味より響きの方が重要だったりします。とにかく「響きもよくて、海外の人が聞いても心に残る言葉は何だろう？」ということについては本当に悩みました。ひとまず定着したようで安心しています。

「その場に眠っているものをどう呼び覚ますか？」を意識――谷尻

――ローカルに拠点を置きながらグローバルに活動している両氏にとって、今の日本のものづくりはどう見えるか？

谷尻　問題意識はもちろんあります。たとえば、今の建築のムーブメントはすべて地方に向かっているんです。伝統的な文化やその地に代々伝わる手仕事を後世に残そう、みたいな運動が各地で起こっている。その中で建物に求められる役割も変わってきて、その建物を作ることで街の未来にどんな影響を与えるのか、そういうことまで設計の時点で考えなければいけないようになってきたんです。

――単に「新しい建物を建てれば人が集まるだろう」では済まない？

谷尻　「使われていない古い建物をきれいにしたら誰かが使うようになるだろう」という程度では、もう許されません。その使われなくなった建物にどういう歴史があって、どういう人々の思い入れがあったか、そこから掘っていかないと何も生まれないというか。建物ひとつ作るにしても、「その場に眠っているものをどう呼び覚ますか？」ということを意識しないとダメです。

――それはまさに魂動デザインを立ち上げる際、マツダのＤＮＡを紐解き、そこから未来につながるものをピックアップしていった前田氏の試みと同じ。

前田　結局、未来永劫、路線を変えないデザインを作ろうと思ったら、過去からつながっていないといけないわけです。過去をきちんと把握した上で進化のビジョンを描かないと、どうしても一過性のものになってしまいます。今回マツダは魂動デザインというテーマを決めましたが、一度決めたからには永遠にこの路線で行きたいわけで。そうじゃないとブランドなんて育たないし、伝統も続かないですから。

――ブランドはすなわち伝統であり継続？

前田　これまで日本の自動車メーカーはどこも伝統というものをあまり意識してきませんでした。そうなってしまったのはわれわれプロの責任です。海外のブランドはきちんと伝統を積み重ねています。守るべきところは徹底して守っています。そこが日本と海外の大きな違いでしょうね。日本はあまりに軽々しくトレンドに乗るし、すぐに今あるものを否定してよそに行ってしまうし……。

谷尻　日本人は平気で過去を否定しちゃいますからね。

前田　それは日本の建築も同じじゃないですか？　イタリアとか行くとよくわかりますよね。何百年何千年前の建物を大事に扱っていて。建築家としてはさまざまな制限があるので相当しんどいとは思うんです。だけど、さっき谷尻さんも言ったように、制約がある中でものを作るって悪いことじゃないですよ。

谷尻　制約がかかるぶん、むしろクリエイティビティは上がるかもしれませんしね。

前田　私は日本がちょっと自由すぎるんだと思います。建築様式にも色使いにもほとんど制限がないから、ありとあらゆる様式が混在してしまっている。この秩序のない風景が日本の文化の現状を体現していますよ。

谷尻　海外の方から見ると「なんで毎月こんなにたくさん住宅が建つのか？」と、不思議みたいですね。それもあって外国の人は「日本に行けば好きな家が建てられる」と思い、日本に行きたがるんです。

日本は安直にモノを作ってきた結果、美意識が落ち、伝統を作れなかった――前田

前田　この状況について、建築家としてはどう感じているんですか？

谷尻　自由すぎて町並みが美しくないというのは事実ですね。赤い家でも青い家でもいいからと、各々が自由に作っていけば町並みが崩れるのは当たり前です。でも海外の人の中には、そのノイズこそ日本の美しさだと捉えている人もいるみたいですよ。

前田　海外にはない景観なので面白いんだろうとは思います。ただ、それが美しいかというと彼らも決して美しいとは思っていないんじゃないかな。それは〝見たことがない景色〟という意味で「面白い」でしかないというか。それが日本へのリスペクトにつながっているかといえば、私にはそうは見えないですね。

谷尻　まあ、尊敬はされてないでしょうね。

前田　東京は一定の制御がかかっているので、そこまで町並みが乱れていないですけど、地方都市は驚くほど混沌としています。そういった美意識の問題に真剣に向き合っていかないと、今後日本はプロダクトの部分で世界に太刀打ちできないと思います。

――今後の日本のものづくりに一番必要なものとは？

前田　われわれは昨年、VISION COUPEというコンセプトカーを発表しましたが、あの車の制作のために2年間、美と向き合ったんです。その間、ずうっと〝美〟のことしか考えませんでした。このくらいやらないと本当に美しいものなど作れないということを、日本にいるどれくらいの人が理解しているでしょうか。日本という国は腰を据えずに短いスパンでモノを作り、それを次々と世に送り出していくということをずっと続けてきました。そのために美意識が落ち、伝統は作れず、今の状況に陥っているわけだから、そこを反省しなければなりません。美しいものを作るって、そんな簡単なことじゃないですよ。

谷尻　僕らはよく「古いは新しい」と言っています。クリエイターというのは、やっぱりイノベーティブな精神を持っていたいので、常に新しいものを作りたいと思う人たちです。でもそれは〝古い〟を捨てるわけじゃなくて、〝古い〟の中に新しさを作るきっかけは必ずあるはずで。それを注意深く観察しながらものづくりを進めていくようにしています。

前田　その視点は大事だと思います。新しいだけのものって簡単に作れますからね。

谷尻　見たことないものにすればいいだけですから。だけど僕たちは〝懐かしい未来〟が作りたいんです。それは過去を振り返って、その上に作られるものじゃないとそういうものにはならないですから。

前田　当たり前ですが、未来はすべて過去とつながっています。特にヨーロッパの人たちは感覚的にそれが身についているから、必ず伝統を守るんです。地続きの部分を踏まえた上で次の一歩を踏み出さないと、真に本質的なものは作れない、と。この国にも早くそうした文化が根付いてくれれば……私は今、日本のものづくりに強い危機感を持っています。今後もそのことについては声を大にして発言していくつもりです。

谷尻　誠（たにじりまこと）
1974年、広島生まれ。2000年、建築設計事務所サポーズデザインオフィス設立。2014年より吉田愛と共同主宰。広島・東京の2ヶ所を拠点とし、インテリアや住宅、複合施設など国内外で多数のプロジェクトを手がける。「社食堂」や「絶景不動産」を開業するなど、活動の幅も広がっている。

おわりに

２０１８年が始まって間もない頃、朗報が届いた。

昨年、われわれが発表した次世代ビジョンモデル・ＶＩＳＩＯＮ ＣＯＵＰＥが、パリで開催中の「第33回国際自動車フェスティバル」において「モスト・ビューティフル・コンセプトカー・オブ・ザ・イヤー」に選出されたのだ。

同賞に関しては2年前、ＲＸ‐ＶＩＳＩＯＮが受賞したばかりである。われわれはＲＸ‐ＶＩＳＩＯＮとＶＩＳＩＯＮ ＣＯＵＰＥを次世代の魂動デザインのブックエンドと位置づけ、それぞれ〝艶〟と〝凛〟を体現するモデルとして作ってきたが、これでその両方が世界でもっとも美しいコンセプトカーという評価をいただいたことになる。

これはわれわれを鼓舞してくれる素晴らしいニュースだった。ここから魂動デザインは日本的エレガンスをまとった新たなる世代に突入する。今後進むべき道を示すため道の両端に置いたのがＲＸ‐ＶＩＳＩＯＮであり、ＶＩＳＩＯＮ ＣＯＵＰＥという〝門柱〟だったのだが、そのいずれもが世界ナンバーワンという称号とともに喝采をもって受け入れられた。

門柱の両端が間違っていないのなら、その2つの道標の間に築かれていく次世代デザインも間違っていないのではないか。この2台のコンセプトカーがこれほどの高評価をいただけるのなら、彼らの血統を受け継いで作られる市販用ニューモデルも世界中の人々に喜んでもらえるのではないか——そう考えることは可能だろう。

無論コンセプトカーはコンセプトカーであり、量産車は量産車。今回の受賞やデザインに対する評価だけで今後の成功が約束されたわけではない。

しかしわれわれは今、再び希望に燃えている。魂動デザインの伝統を守りながらさまざまなチャレンジに挑んだ次世代モデルが、イントロダクションの段階で早くもこれだけの賞賛を集めているのだ。私は栄えある表彰式の壇上で、世界中のモータージャーナリストからの魂動デザイン（「コドー、コドー」という響きを何度聞いたことか）に対する期待とリスペクト、そしてわれわれがこれから進もうとしている方向性への大いなるエールを肌で感じとった。

2周目のはじまりは悪くない。現在のところ視界は極めて良好である。ただし、まだまだゴールは見えていないし、課題も満載だ。今後もっと多くの挑戦を続けなければならないと身の引き締まる想いも感じている今日この頃である。

長々と綴ってきたこの本も間もなく幕を閉じる。

私はここ数ヶ月の間、改めてマツダの歴史を紐解き、魂動デザインの本質と変遷について考え、自分なりの仕事に対する向き合い方を顧みてきたが、それは非常に有意義な時間だった。言葉論のところでも話したが、私は直感的につかんだイメージを後から言葉で追いかけ、ロジックを構築するという手法をとることが多い。自分がデザイン本部のリーダーになって以降、無我夢中で走り続けた日々を言葉に定着させていった今回の作業は、まさに魂動デザインを客体化し、それを体系として組み直す機会を与えてくれた。

そんな慣れない作業の中で意外だったことがひとつある。

それは後半に進むにつれて筆が乗るというか、キーボードを叩いていてつい熱くなってしまう瞬間が何度か訪れたことである。それは特に話題が未来の話に及んだとき、はっきり言えば「日本のものづくり」について語ろうとするときに発生した。

昨今、私は経済産業省特許庁が主催する会合に呼ばれ、定期的に出席している。そこでは日本のトップブランドのデザインリーダーやデザイン評論家、そして大学教授などが顔を揃え、「日本の工業デザインが世界と戦う体力を失いつつあるのはなぜなのか？　それを向上させるためには何が必要か？」ということをディスカッションしているのだが、その会合に出るたびに私は強い焦燥感に襲われる。

こうした会議が催されること自体、画期的なことである。出席者全員で同じ危機感を共有し、常に真剣かつ活発な発言がなされている。だが、デザインそのものが難しく捉えられ、なかなかシンプルな「美しさ」、私が考える「デザインの本質」の議論に繋がらない。複雑な時代になり、じっくりと「美」と対峙できなくなったことが、日本の工業デザインの低迷を招いた一因ではないかとも感じている。

マツダの次世代デザインが日本的美意識に根差しているということもあり、近年私の関心は日本という国に向かっている。この国の歴史、この国の感性、この国の創造性、この国の精神性……そういうものについて静かに考えを深めてきた。世界の名だたるメーカーと戦うためには日本という国のバックボーンがどうしても必要であり、個人的には欧米諸国と伍するだけのポテンシャルが日本文化には備わっていると感じている。

だが、今の日本はどうだろう？　日本人の美意識はどうだろう？　そのセンスに基づいて作られるメイド・イン・ジャパンのクオリティはどうだろう？　今後のものづくりの展望はどうだろう……？

傲慢に思われるかもしれないが、私は現場の先頭に立つ人間として、そんな疑念に対する回答を実際の作品として提示しなければいけないという使命を勝手に抱いている。

いいデザインやいいプロダクトは会議室の机の上で生まれるわけではない。ものづくりの魂とは、限りなく習作を繰り返すアトリエや、汗と油にまみれた工場や、気の遠くなるほど長い時間をすごす工房の中にこそ宿るものだ。本当の美しさとは、腕の立つ職人が刃のように己を研ぎ澄ませることで唯一足を踏み入れることができる〝感性のゾーン（集中状態）〟の中にしか存在しない。

「われわれが日本のものづくりを変えていく」と言ったなら、多くの方は失笑するかもしれない。しかし、われわれが発表するプロダクトが新たな刺激や指標となって日本のものづくりが変わっていくのなら、それは心からの喜びであるし、実際そのような波紋を起こすものになってほしいという想いでわれわれは車を作っている。

信じるのはただ作品の力である。ただひたすら美しく、圧倒的で、目にした瞬間にその他大勢の製品がすべて色褪せて見えるような傑作を作りたいと願っている私は、確かにとびきりのロマンチストであるのだろう。

本書が形になるまでには多くの人の助けを借りた。

光文社の古川遊也氏は本書の企画を持ってきてくれた人物であり、広島在住の清水浩司氏からは本の構成や文章についてさまざまなサポートをいただいた。ここまで清水氏と二人三脚のようにして執筆を進めてきた。彼なしではこの本は世に出なかっただろう。それくらい清水氏の尽力は多大だ。また、撮影を担当してくれた中野章子さんも含め、顔合わせの日の食事会の情景は今も記憶に鮮やかである。

そして、マツダの仲間たちにもこの場を借りて改めてありがとうと伝えたい。便宜上この本の著者は私になっているが、真の著者は〝魂動デザイン〟であり〝株式会社マツダ〟だと思っている。われわれはチームで動いているのであり、チームパフォーマンスが群を抜いていたからこそ数々の賞に輝くなど現在の評価を得ることができたのだ。

それは本書でも同じである。私はチームを代表するスポークスマンといった役割でしかなく、この本はチームメンバーの物語であるとともに、彼らに捧げられた物語でもある。彼らがいなければここまで辿り着けなかったし、彼らの技術と努力がここまでの車を作り上げたのだ。本書にもこれまでと同じように〝共創〟という形で関わってくれたことを嬉しく思っている。やはりこうじゃないと、マツダスタイルにはならない。

東京や海外を行き来する忙しい中、時間を作ってくださった谷尻誠氏にも感謝の言葉を捧げたい。こういう世界に通用する若い才能が出てくるのが広島の面白いところである。

ひとりひとりに感謝の言葉を書いているときりがないので、このへんにさせてもらおう。あまり話しすぎるとボロが出る。一見スタイリッシュに見えても、いくら洗練を突き詰めても、しょせんわれわれは昔気質の人間だ。熱血で、情やロマンに弱く、理性よりも感情を優先させてしまう。自分たちが日本の地方都市でガムシャラに働く泥臭い職人集団でしかないことは十二分にわかっている。

暑苦しく理想に燃え、ときに間違え、ときにつまずき、それでもものづくりの手は休めない。多勢に付くことをよしとせず、常に自由を追い求め、生命を愛し、頂点を夢見る。

魂動デザインはこれからも未来に向けて進んでいく。

あなたが最後に魂の動く音を聞いたのは、いつのことだろう?

2018年5月　　前田育男

取材・構成／清水浩司
カバー写真／中野章子
本文デザイン／華本達哉

前田育男（まえだいくお）
1959年、広島県生まれ。京都工芸繊維大学卒業。'82年、東洋工業（現マツダ）入社。横浜、カリフォルニアのデザインスタジオにて先行デザイン開発を経て、本社デザインスタジオで量産デザイン開発に従事。チーフデザイナーとして、同社が世界で唯一実用化に成功したロータリーエンジン搭載の「RX-8」や、ワールド・カー・オブ・ザ・イヤーを受賞した３代目「デミオ」を手がける。2009年４月、デザイン本部長就任。マツダブランドの全体を貫くデザインコンセプト「魂《こ》動《どう》」を立ち上げ、車だけでなく、販売店の一新やモーターショー会場の監修などを行う。'16年より常務執行役員デザイン・ブランドスタイル担当。

デザインが日本《にほん》を変《か》える　日本人《にほんじん》の美意識《びいしき》を取《と》り戻《もど》す

2018年５月30日初版１刷発行

著　者 ── 前田育男
発行者 ── 田邉浩司
装　幀 ── アラン・チャン
印刷所 ── 堀内印刷
製本所 ── 榎本製本
発行所 ── 株式会社光文社
東京都文京区音羽1-16-6（〒112-8011）
https://www.kobunsha.com/
電　話 ── 編集部03（5395）8289　書籍販売部03（5395）8116
業務部03（5395）8125
メール ── sinsyo@kobunsha.com

925
美術の力
表現の原点を辿る
宮下規久朗

絵画とは何か、一枚の絵を見るということは、芸術とは——。初めてのイスラエルで訪ね歩いたキリストの事蹟から、津軽の供養人形まで。美術史家による、本質を見つめ続けた全35編。

978-4-334-04331-5

926
応援される会社
熱いファンがつく仕組みづくり
新井範子　山川悟

単なる消費者ではなく能動的な「応援者」を増やすことが、生涯顧客価値を高めていく——。熱いファンによって支えられる国内外の会社の事例をもとに、「応援経済」をひもといた。

978-4-334-04332-2

927
1985年の無条件降伏
プラザ合意とバブル
岡本勉

'80年代、あれほど元気でアメリカに迫っていた日本経済が、なぜ「失われた20年」のような長期不況に陥ってしまったのか？　現代日本史の転換点を臨場感たっぷりに描く。

978-4-334-04333-9

928
老舗になる居酒屋
東京・第三世代の22軒
太田和彦

佳き酒、肴は、店主の誠実さの賜。東京に数ある居酒屋の中で、開店から10年に満たないような若い店だが、今後老舗になっていきそうな気骨のある22軒を、居酒屋の達人・太田和彦が訪ね歩く。

978-4-334-04334-6

929
患者の心がけ
早く治る人は何が違う？
酒向正春

良い医療、良い病院を見分けるには？　多くの患者さんに奇跡をもたらしてきた脳リハビリ医が語る、医療の真髄——医療の質、チーム医療、ホスピタリティ——と回復への近道。

978-4-334-04335-3

930
メルケルと右傾化するドイツ
三好範英

メルケルは世界の救世主か？　破壊者か？　メルケルの生涯と業績をたどり、その強さの秘密と危機をもたらす構造を分析する。山本七平賞特別賞を受賞した著者による画期的な論考。

978-4-334-04336-0

931
常勝投資家が予測する日本の未来
玉川陽介

空き家問題、人工知能によってなくなる仕事、新たな基幹産業、国策バブルの着地点――。「金融経済」「情報技術」「社会システム」の観点から「2025年の日本」の姿を描き出す。

978-4-334-04337-7

932
誤解だらけの人工知能
ディープラーニングの限界と可能性
田中潤
松本健太郎

人工知能の研究開発者が語る、第3次人工知能ブームの終焉の可能性と、ディダクション（演繹法）による第4次人工知能ブームの幕開け。人工知能の未来を正しく理解できる決定版！

978-4-334-04338-4

933
社会をつくる「物語」の力
学者と作家の創造的対話
木村草太
新城カズマ

AI、宇宙探査、核戦争の恐怖…現代で起こる事象の全ては「フィクション」が先取りし、世界を変えてきた。憲法学者とSF作家が、現実と創作の関係を軸に来るべき社会を描く。

978-4-334-04339-1

934
「女性活躍」に翻弄される人びと
奥田祥子

女の生き方は時代によって左右される――。人びとの等身大の本音を十数年に及ぶ定点観測ルポで掬い上げ、「女性活躍」推進のジレンマの本質を解き明かし、解決策を考える。

978-4-334-04340-7

935
検証 検察庁の近現代史
倉山満
国民の生活に最も密着した権力である司法権。警察を上回る権限を持つ検察とはいかなる組織なのか。注目の憲政史家が、一つの官庁の歴史を通して日本の近現代史を描く渾身の一冊。
978-4-334-04341-4

936
最強の栄養療法「オーソモレキュラー」入門
溝口徹
がん、うつ、アレルギー、発達障害、不妊、慢性疲労…etc. 全ての不調を根本から改善し、未来の自分を変える「食事と栄養素の力」とは。日本の第一人者が自身や患者の症例を交え解説。
978-4-334-04342-1

937
住みたいまちランキングの罠
大原瞠
便利なまち、「子育てしやすい」をアピールするまち、イメージのよいまち、ランキング上位の住みたいまちは、本当に住みやすいのか？ これまでにない、まち選びの視点を提示。
978-4-334-04343-8

938
空気の検閲
大日本帝国の表現規制
辻田真佐憲
エロ・グロ・ナンセンスから日中戦争・太平洋戦争時代まで、大日本帝国期の資料を丹念に追いながら、一言では言い尽くせない、摩訶不思議な検閲の世界に迫っていく。
978-4-334-04344-5

939
藤井聡太はＡＩに勝てるか？
松本博文
コンピュータが名人を破り、今や人間を超えた。しかし藤井はじめ天才は必ず現れ、歴史を着実に塗り替えていく。奇蹟の中学生とコンピュータの進化で揺れる棋界の最前線を追う。
978-4-334-04345-2

940
AI時代の新・ベーシックインカム論
井上智洋

未来社会は「脱労働社会」——。ベーシックインカムとは何か。財源はどうするのか。現行の貨幣制度の欠陥とは。導入最大の壁とは。AIと経済学の関係を研究するパイオニアが考察。

978-4-334-04346-9

941
素人力
エンタメビジネスのトリック?!
長坂信人

「長坂信人を嫌いだと言う人に会った事がない」——秋元康氏。超個性的なメンバーを束ねる制作会社オフィスクレッシェンド代表による仕事術、経営術とは? 堤幸彦監督との対談も収録。

978-4-334-04347-6

942
東大生となった君へ
真のエリートへの道
田坂広志

東大卒の半分が失業する時代が来る。その前に何を身につけるべきか? 高学歴だけでは活躍できない。論理思考と専門知識が価値を失う「人工知能革命」の荒波を、どう越えていくか?

978-4-334-04348-3

943
グルメぎらい
柏井壽

おまかせ料理ではなくお仕着せ料理、味よりもインスタ映え、料理人と馴れ合うブロガー。今のグルメ事情はどこかおかしい——。二十五年以上食を語ってきた著者による、覚悟の書。

978-4-334-04349-0

944
働く女の腹の底
多様化する生き方・考え方
博報堂キャリジョ研

今の働く女性たちは何を考え、どう生きているのか?「キャリア(職業)を持つ女性」=通称「キャリジョ」を徹底分析。多様化する、現代を生きる女性たちのリアルに迫る。

978-4-334-04350-6

光文社新書

945

日本の分断
切り離される非大卒若者《レッグス》たち

吉川徹

団塊世代の退出後、見えてくるのは新たな分断社会の姿だった——。計量社会学者が最新の社会調査データを元に描き出す近未来の日本。社会を支える現役世代の意識と分断の実態。

978-4-334-04351-3

946

日本サッカー辛航紀
愛と憎しみの100年史

佐山一郎

「日本社会」において「サッカー」とは何だったのか。一九二一年の第一回「天皇杯」から、二〇一八年のロシアW杯出場までおおよそ一世紀を、貴重な文献とともに振り返る。

978-4-334-04352-0

947

非正規・単身・アラフォー女性
「失われた世代」の絶望と希望

雨宮処凛

「失われた二〇年」とともに生きてきた受難の世代——。仕事・お金・介護・孤独……。現代アラフォー女性たちの「証言」から何が見えるのか。ライター・栗田隆子氏との対談を収録。

978-4-334-04353-7

948

天皇と儒教思想
伝統はいかに創られたのか?

小島毅

「日本」の国名と「天皇」が誕生した八世紀、そして近代天皇制に生まれ変わった十九世紀、いずれも思想資源として用いられたのは儒教だった。新しい「伝統」はいかに創られたか?

978-4-334-04354-4

949

デザインが日本を変える
日本人の美意識を取り戻す

前田育男

個性と普遍性の同時追求、生命感の表現、匠技への敬意。経営危機の自動車会社を世界一にしたデザイン部長の勝利哲学。新興国との競争で生き残るには、一つ上のブランドを目指せ!

978-4-334-04355-1